CH. GENTY

L'ART D'ÉLEVER

LES CHIENS

TOME TROISIÈME

LES MALADIES DE LA PEAU

CHEZ LE CHIEN

« Le symptôme en lui-même n'est rien, la
cause est tout.
Je m'attache à la cause... »
(Tome III, p. 92.)

PARIS

A L'ADMINISTRATION DU SPORT
9, rue de Londres, 9

ET A LA LIBRAIRIE AUGUSTE GOIN, ÉDITEUR
62, rue des Écoles, 62

1870

L'ART D'ÉLEVER

LES CHIENS

TOME TROISIÈME

MALADIES DE PEAU

L'ART D'ÉLEVER LES CHIENS

COMPRENDRA

Tome 1er.   La Maladie des chiens.
Tome II.   L'Ictère (Jaunisse) chez le jeune chien et le chien adulte.
Tome III.   Les Maladies de la Peau.
Tome IV.   La Bronchite, la Pleurésie et la Pneumonie.
Tome V.   La Rage.
Tome VI.   Hygiène et Médecine du chien (éducation, maladies diverses, saignement de nez, etc., etc.).
Tome VII.   Législation, chiens et chasse.

Tomes publiés.

Tome I............   1 fr.
Tome III..........   1 »
Sous presse : Tome VI.

Pour recevoir *franco* par la poste, ajouter 10 cent. en sus ; envoyer mandat ou timbres-poste, soit à M. Ach. Genty, av. de Neuilly, 125, Neuilly-sur-Seine, soit à M. Aug. Goin, r. des Ecoles, 62, Paris.

Paris. — Typ. A. PARENT, rue Mr-le-Prince, 31.

ACH. GENTY

L'ART D'ÉLEVER

LES CHIENS

TOME TROISIÈME

LES MALADIES DE LA PEAU

CHEZ LE CHIEN

« Le symptôme en lui-même n'est rien ; la cause est tout.
« Je m'attache à la cause... »

(Tome III, p. 92.)

PARIS

A L'ADMINISTRATION DU SPORT
9, rue de Londres, 9
ET A LA LIBRAIRIE AUGUSTE GOIN, ÉDITEUR
62, rue des Ecoles, 62

1870

LES

MALADIES DE LA PEAU

CHEZ LE CHIEN

La peau, importance de son rôle. — Peau de l'homme
et peau du chien; en quoi elles diffèrent. — Conséquences à tirer de ces différences. — Historique
des affections cutanées du chien. — Le chien du
roi Ulysse, Argos. — 'Description des affections
cutanées auxquelles est sujet le chien, d'après le
Dr Hertwig (de Berlin), M. Gobin, Delabère-
Blaine. — Causes de ces affections. — Traitements
usités et préconisés jusqu'ici. — Traitement nouveau.

I°

Dans l'économie animale — j'ajouterai :
dans les économies végétale et minérale —
tout est intéressant, tout est admirable,
tout est — tranchons le mot — divin.

Voici l'estomac, voici les poumons, voici le cœur, voici le foie, voici le cerveau.... Que d'idées et que de faits renfermés dans chacun de ces mots ! Il y a là comme un sommaire de l'infini.

On a étudié et l'on étudie chaque jour avec une louable persistance chacun de ces divins organes. Mais a-t-on étudié avec la même ardeur, avec le même feu sacré, la double surface, la *double enveloppe*, externe et interne, de l'animal ? Je ne le crois pas. Tandis que, partout ailleurs, la forme a si souvent emporté le fond, ici le fond a emporté la forme et l'a presque fait oublier.

Et pourtant la double forme, la double enveloppe, la double *peau* de l'animal, constitue un organe non moins important, non moins essentiel pour l'animal que le cœur, les poumons, etc.

Il existe entre les poumons, le cœur, etc., et LA PEAU, une relation tellement intime que, considérer l'un ou les uns sans tenir compte de l'autre, c'est prendre la partie pour le tout, c'est-à-dire se fourvoyer.

Cœur, poumons, estomac, intestins, foie, cerveau — comme aussi la peau — ne sont rien par eux-mêmes, isolés ; ils ne sont quelque chose que par leur alliance entre eux. — En d'autres termes, le corps de l'animal est un tout composé de parties, et ces parties ne fonctionnent bien qu'à la condition de s'aider mutuellement et convenablement. Il se passe ici ce qui se passe dans nos ateliers d'imprimerie, dans nos fabriques d'épingles, de soieries, etc., où chaque ouvrier a son rôle et sa tâche distincts, et, par son œuvre propre, individuelle, contribue à l'œuvre collective et finale. — Le principe de la division ou répartition du travail est peut-être la plus belle des *idées* de Dieu ; en tout cas, c'est certainement la plus heureuse des idées de l'homme.

Tout animal a une double peau : l'une

extérieure ; c'est celle que tout le monde connaît ou se figure connaître ; l'autre. intérieure (membranes muqueuses.)

Cette double peau, extérieure et intérieure, est le théâtre de phénomènes incessants, qui complètent ou qui aident les phénomènes dont le cœur, les poumons, etc., sont le principal point de départ.

Entre le cœur, par exemple, et la peau, soit interne, soit externe, il existe un va·et·vient perpétuel de fluides, — peut-être même un échange de mouvements communiqués et surtout d'éléments, continuel et continu.

Ce peu de mots, jetés comme préambule, ne suffira-t-il pas à donner une idée du prix qu'on doit attacher au bon fonctionnement de la peau (1)?

(1) De plus longs détails m'entraîneraient hors de mon petit cadre. Sur la composition de la peau, sa respiration, son absorption, etc., consulter Dr J.-A. Fort, *Anatomie descriptive*, Paris, 1867; L. Encausse, *Absorption cutan. des médicaments*, 1869, etc.

II

Entre la peau de l'homme et la peau du chien une double différence se remarque.

La peau de l'homme—la peau extérieure —a une double transpiration : l'une aqueuse ou sueur, l'autre gazeuse ou perspiration. — Le chien, sauf dans certaines conditions, n'en a qu'une, la perspiration.

La peau interne diffère aussi.

Chez l'homme, la transpiration aqueuse de la peau interne se produit surtout par et dans les intestins. Chez le chien, elle se produit surtout par et dans la bouche (1).

On voit les conséquences, du moins les principales, de cet état de choses :

(1) De là, très-probablement, la *rage spontanée* chez le chien, si rare chez l'homme. Dans notre volume sur *la Rage*, nous essaierons de traiter à fond cette question, comme aussi celle de la rage du jeune chien. Disons tout de suite que cette rage du jeune chien n'est pas, à proprement parler, *la rage*; jusqu'ici, nous n'avons pu parvenir à l'inoculer.

1° Chez l'homme, les fluides partant du cœur ou de tout autre organe intérieur pour se rendre au dehors, peuvent être éliminés par la surface cutanée externe, soit à l'état gazeux, soit à l'état aqueux.

2° Chez le chien, ces fluides ne peuvent être, le plus souvent du moins, éliminés par la surface externe, qu'à l'état gazeux.

3° Il suit de là que, chez le chien, les éliminations de fluides trouvant, à la peau externe, une facilité beaucoup moins grande que chez l'homme, les maladies de peau doivent être, chez le chien, sinon plus fréquentes, du moins beaucoup plus graves et plus intenses encore que chez l'homme. En effet, tout fluide non expulsé a dû rentrer à l'intérieur et s'y fixer.

4° Que, par conséquent, le traitement des maladies de peau, chez le chien, doit être, non pas seulement externe, mais surtout interne.

III

L'origine des affections cutanées du chien remonte vraisemblablement aux premiers temps où vécut l'animal. Toutefois, la première mention qui en soit faite ne se rencontre que dans Homère (7 ou 800 ans seulement avant notre ère).

« Pendant qu'Ulysse et Eumée s'entretiennent, dit le poète, un chien *languissamment étendu* lève la tête et les oreilles : c'est Argos, le chien du patient Ulysse, qui le nourrit lui-même et n'en jouit point, car il partit pour la sainte Ilion.

« Les jeunes chasseurs le lançaient jadis à la poursuite des lièvres, des cerfs et des chèvres sauvages ; maintenant, en l'absence du roi, il est *couché sans soins sur l'amas de fumier* que l'on répand devant les portes, jusqu'à ce que les serviteurs d'Ulysse en engraissent son verger.

« Ainsi Argos *gît honteusement; la vermine* le dévore.

« Lorsqu'il sent l'approche du héros, il *remue la queue* et *laisse tomber (couche) ses deux oreilles;* mais *il n'a plus la force de s'élancer* au-devant de son maître. Ulysse, à son aspect, ne peut retenir une larme qu'il dérobe aisément à Eumée. Aussitôt, il le questionne en ces termes :

— Eumée, chose surprenante, vois ce chien étendu sur le fumier, quel beau corps ! Je ne sais toutefois si avec ces formes il a été d'une extrême agilité, ou si c'est un de ces chiens nourris à la table des rois, que leurs maîtres élèvent à cause de leur beauté.

— Ah ! reprend Eumée, c'est le chien d'un héros mort dans les contrées lointaines; s'il pouvait retrouver la beauté et l'ardeur qui le signalaient avant qu'Ulysse à son départ pour Ilion le laissât dans son palais, tu admirerais sa valeur et sa rapidité. Le gibier qu'il poursuivait dans les

profondes vallées de la forêt, ne pouvait lui
échapper ; il savait mieux que tout autre
découvrir une piste. Maintenant *les infirmités l'accablent ;* son maître a péri loin des
champs paternels, et des femmes insouciantes *le laissent là sans soins.* Car, lorsque
le roi ne commande plus, les serviteurs ne
veulent plus rien faire selon la justice; le
puissant Jupiter, en ravissant à un homme
la liberté, lui ôte la moitié de sa vertu.

« A ces mots, Ulysse entre dans le palais
et va à la grande salle où sont les nobles
prétendants (de Pénélope). Au même instant,
la Parque de la mort enlève Argos, aussitôt
qu'il a revu son maître après vingt années
d'absence. » (Homère, *Odys.*, chant. 17, trad.
P. Giguet.)

IV

Cet épisode de l'Odyssée est curieux à divers titres.

On y voit d'abord ce qu'était un palais —

le *superbe* palais d'Ulysse, comme dit Homère ailleurs, — dans les vieux temps de la Grèce. Les fumiers qui l'entouraient ou qui s'étendaient devant les portes, n'en devaient pas faire un séjour des plus réjouissants pour l'œil.

On y remarque, en second lieu, que le chien, même à ces époques reculées, n'était pas seulement élevé pour les services réels qu'il pouvait rendre , mais aussi pour l'agrément que ses caresses, son attachement pouvaient procurer. En un mot, il y avait, dès lors, des *chiens d'appartement*.

Mais, au point de vue qui nous occupe, ces curieux détails n'ont qu'une importance minime. Le fait capital, essentiel pour nous, c'est que le chien d'Ulysse, le bel Argos, mourut des suites d'une *maladie de peau*.

Quelle était cette maladie de peau? Sa cause? Etait-elle incurable ou non? — Ces diverses questions recevront un peu plus tard leur solution.

V

Comme je l'ai fait pour la *Maladie des Chiens* (t. Ier), je rapporterai d'abord les opinions des auteurs les plus compétents sur les diverses affections cutanées du chien; j'indiquerai les traitements qui tour à tour ou simultanément ont été préconisés; enfin, j'exposerai mes vues personnelles sur ces affections et sur le traitement qui, d'après de nombreuses expériences, me paraît le mieux s'y adapter.

VI

Le Dr Hertwig, professeur à l'Ecole vétérinaire de Berlin, répartit en trois grandes classes les divers états morbides de la peau chez le chien.

Dans la première classe, il place les affections *aiguës;*

Dans la deuxième, les affections *chroniques;*

Dans la troisième, les affections *parasitaires*.

AFFECTIONS AIGUES : Variole, Exanthème typhoïde, Echauboulure, Dartre graisseuse.

AFFECTIONS CHRONIQUES : Prurigo, Dartre sèche rouge, Dartre furfuracée, Dartre rongeante, Dartre squameuse, Gale.

AFFECTIONS PARASITAIRES résultant de la présence du *Pediculus canis familiaris* (pou), du *Pulex canis* (puce), du *Trichodectus latus* (trichodecte ou ricin), du *Sarcoptes canis* (sarcopte de la gale), du *Sarcoptes cynotis* (sarcopte purulent ou de l'oreille), de l'*Ixodes ricinus* (tiquet, tique).

VII

M. A. Gobin, dans son *Traité pratique du Chien*, adopte la classification du Dr Hertwig ; il y fait toutefois une addition importante. — M. Gobin paraît en effet considérer comme non étrangers aux affections cutanées du chien les parasites internes de l'animal ; du moins, après avoir parlé des parasites extérieurs comme cause possible de ces affections, traite-t-il immédiatement des parasites intérieurs.

Ces parasites intérieurs qu'il décrit sont : l'*Ascaride marginé*, l'*Ascaride lombricoïde*, le *Distome ailé*, le *Trichocéphale déprimé*, le *Strongle trigonocéphale*, le *Pentastome tænioïde* et le *Tænia* (ver solitaire).

Dès maintenant, je dois dire que les parasites intérieurs sont, à mon sens, l'une des causes les plus fréquentes, après *la maladie* négligée ou mal soignée (V. t. Ier), des maladies de peau du chien.

VIII

Dans sa *Pathologie canine*, Delabère-Blaine signale, parmi les maladies de peau, les suivantes :

Chancre de l'oreille, —Chancre sur le

bord de l'oreille,—Tuméfaction de l'oreille externe, — Gale pustuleuse, gale rouge, gale-ébullition, etc., — Inflammation du scrotum, — Puces.

Ce résumé très-succinct du savant vétérinaire anglais pourrait suffire. Il a le mérite de ne pas encombrer l'esprit de détails qui, dans la pratique, sont parfois plus nuisibles qu'utiles.

IX

Hertwig décrit ainsi les diverses affections cutanées qu'il fait entrer dans sa classification :

1º *Variole*. Exanthème vésiculeux qui souvent se montre chez le jeune chien à l'époque de *la maladie*, mais qui peut aussi se montrer sans cette dernière.

2º *Exanthème typhoïde*. Il consiste en petites taches rouges et ne se montre ordinairement que dans le typhus (1).

(1) L'affection que Hertwig qualifie de *typhus* n'est

3º *Échauboulure*. Elle se présente en été quand les chiens se sont très-échauffés en courant. Elle se présente encore, mais moins souvent, quand, après s'être longtemps tenus au soleil, ils se retirent au frais ou sont jetés dans une eau froide. A la tête, au cou, etc., il se manifeste de la tuméfaction et de la chaleur; on remarque sur ces points des vésicules grosses comme un pois, remplies d'une lymphe épaisse, qui crèvent en vingt-quatre à quarante-huit heures en laissant des eschares sèches. Les poils sont tombés déjà et les eschares ne tombent que du huitième au douzième jour.

4º *Dartre graisseuse* (gale graisseuse). Elle se montre en toute saison et chez toute es-

autre chose que celle *affection miasmatique* ou *paludéenne*, dont j'ai parlé tome Iᵉʳ, et qui complique si fâcheusement, dans nos provinces de l'ouest, en Sologne, etc., *la maladie* des jeunes chiens. De nouvelles expériences me permettent aujourd'hui d'assurer que le traitement, dont je parlais avec quelque réserve au tome Iᵉʳ, est excellent.

pèce de chiens, mais de préférence chez
ceux qui ont une nourriture grasse trop
abondante. Le mal débute par un léger état
fébrile qui dure ordinairement quelques
heures ; il survient sur un point quelconque,
mais surtout à l'encolure, sur le dos et sur
la croupe, une inflammation de la peau plus
ou moins étendue ; la peau devient chaude
et se tuméfie ; au toucher, elle semble plus
épaisse, plus résistante ; les poils se héris-
sent ; nombre de petites vésicules apparais-
sent. Ces vésicules crèvent vite et laissent
échapper un liquide d'un jaune pâle, gluant,
d'un aspect gras ; en vingt-quatre heures,
les poils tombent, l'épiderme disparaît, et
l'on voit alors une surface dénudée, d'un
rouge foncé, recouverte du liquide jaune,
gras et luisant. Cette surface est chaude,
très-sensible, et ressemble à peu près à une
brûlure. Selon la partie affectée, il y a rai-
deur des membres ou difficulté dans les
mouvements. Un prurit se montre souvent

aussi aux points intéressés; il est tel parfois que les animaux se rongent les chairs au lieu de se les lécher. Sans ces lésions causées par l'impatience du malade, la dartre graisseuse se guérirait en huit à quinze jours. Les poils repoussent promptement. La contagion n'est point à redouter.

5º *Prurigo*. Irritation morbide des nerfs de la peau; elle se manifeste par une démangeaison continuelle qui devient plus forte à certains moments, surtout la nuit; l'animal ne cesse de se gratter avec les pattes, de se ronger avec les dents ou de se frotter contre les objets à sa portée. L'examen le plus minutieux du corps, sauf sur les points lésés par le frottement, le grattage ou la dent, n'indique aucune cause matérielle de cet état morbide; de rares et tout petits boutons; peu ou pas de vermine. Au reste, chez l'animal, la gaieté persiste, ainsi que l'appétit; pas de fièvre. — Une nourriture trop abondante, le défaut d'exercice

en plein air, la malpropreté, des refroidissements, telles semblent être les causes déterminantes du prurigo. — Difficilement
curable, mais non contagieux.

6° *Dartre sèche rouge* (rouge, rougel).Cette
affection se montre sous la forme de très-
fines élevures sur la peau; elles ont une
apparence rouge, forment des taches plus ou
moins grandes de forme irrégulière, et sont
très-rapprochées. Elles peuvent occuper
n'importe quel point du corps, mais c'est
au ventre et à la surface interne des cuisses
qu'on les remarque le plus souvent. Un
prurit très-violent accompagne ces petits
boutons, surtout la nuit.—Pas de fièvre.—
Le mal peut durer des mois, des années, et
il est contagieux.

7° *Dartre furfuracée* (son). Mortification
sèche souvent répétée de l'épiderme, qui se
détache par petites écailles sèches, pulvéru-
lentes, semblables à du son. Le siége habi-
tuel de l'affection est la tête (surtout le

pourtour des yeux), l'encolure, le tronc, rarement les membres ; quelquefois pourtant tout le corps est envahi. Aux points affectés, la peau est épaisse, résistante ; vive démangeaison ; chute des poils ; mauvaise odeur de la perspiration. — Ce mal est difficilement curable ; il reparaît après guérison apparente et se termine souvent par une étisie ou une hydropisie. — Contagieux, croit-on.

8° *Dartre rongeante.* Petites vésicules qui crèvent bientôt, en laissant échapper un liquide rougeâtre, et qui, se réunissant, forment un ulcère commun. Cet ulcère siége exclusivement dans le tissu de la peau et va toujours étendant ses bords ; prurit violent qui porte les chiens à se gratter ou frotter jusqu'au sang. — Difficilement curable. — Contagieuse. — Mêmes causes que celles du prurigo et du rouge.

9° *Dartre squameuse.* Ecailles assez larges et assez épaisses, visibles à l'œil, sous lesquelles la peau s'épaissit insensiblement et de plus en plus; sur certains points, par suite, on remarque des élévations en forme de bourrelets, et, à côté, des petites excavations; quelquefois aussi, la peau se gerce, et toujours les poils tombent, au moins en partie, aux endroits affectés; démangeaisons d'ordinaire.—Guérison difficile.—Causes : échauffements, refroidissements, transition brusque d'une nourriture maigre à une nourriture grasse, peut-être la contagion.

10° *Gale.* Exanthème de longue durée et contagieux. Dans son développement complet, la gale se manifeste d'abord par de petites vésicules qui se transforment en peu de temps en petits ulcères très-superficiels se desséchant bientôt, avec desquamation grise souvent renouvelée de l'épiderme, un prurit violent et, à un état plus avancé, avec chute des poils et épaississement de la peau.

Dans certains cas, on trouve aussi les acares de la gale, qui sont beaucoup plus petits que dans la gale des autres animaux et ne sont guère visibles qu'au microscope ; mais souvent aussi acares et vésicules font défaut.

La maladie diminue de temps en temps à une place, mais se répand ordinairement alors sur d'autres points et dure généralement de cette manière pendant des années ou jusqu'à la mort. A la fin, les animaux maigrissent considérablement, répandent une mauvaise odeur, prennent un vilain aspect et périssent étiques ou hydropiques.

Trois variétés de gale : la *gale sèche ordinaire*, avec des écailles grises, tantôt plus claires, tantôt plus foncées, dans laquelle une partie du poil tombe sans altération marquée ; — la *gale rouge*, qui se distingue de la précédente en ce que, en outre des autres symptômes de la maladie, les poils sont plus ou moins rouges à leur extrémité libre et ne tombent qu'au bout de quelque temps ; — la *gale humide*, dans laquelle il s'écoule

des points malades une quantité ordinairement très-petite d'une humeur gluante qui
se dessèche en écailles et en croûtes; elle résulte du frottement le plus souvent.

La distinction exacte entre la gale et les
dartres est assez difficile en pratique, mais
elle est peu importante au point de vue du
traitement (il est à peu près le même).

La gale chez les chiens se produit ou
spontanément ou par contagion. Une nourriture trop abondante en général, mais spécialement un régime trop salé ou trop gras,
une alimentation continue avec de la viande
crue, grasse ou pourrie, le défaut d'exercice, un air impur, la malpropreté, l'hu-
midité, telles sont les causes ordinaires de
la gale spontanée. Quant à la gale par contagion, elle se déclare par le contact immé-
diat avec des chiens galeux, des renards
galeux, des objets ayant servi à ces animaux, etc.

La gale est fort difficile à guérir, surtout

chez les chiens dont les oreilles et les membres participent à l'affection, chez ceux qui
ont été débilités par des maladies antérieures ou qui souffrent de troubles digestifs,
de diarrhées, de constipation ; enfin, chez
ceux dont la nourriture ordinaire est trop
grasse.

Le virus de la gale du chien a une action
sur l'homme; il faut prendre des précautions en soignant les malades.

11° *Pou du chien.* Insecte à six pattes,
brun rougeâtre, long d'une ligne à une
ligne et quart. La tête a environ un cin-
quième de la largeur du corps; elle est
hexagone, plus longue que le corselet et
pourvue d'un suçoir rétractile; l'abdomen
est plus large que le corselet, de forme ova-
laire, très-poilu; les membres sont forts;
le tarse est coniforme et se termine ulté-
rieurement en une forte dent; les extrémités des pattes sont pourvues d'une griffe
forte et courbe qui se replie... C'est chez

les jeunes chiens, dans leur première an-
née, ou chez les chiens très-vieux que les
poux se trouvent le plus fréquemment;
après certaines maladies asthéniques, ils se
multiplient quelquefois presque à l'infini...
Ordinairement, quand un chien a des poux,
c'est qu'ils lui ont été transmis par un autre
chien; cependant, on prétend aussi qu'ils
peuvent se produire spontanément (1). Les
causes de ce développement spontané ne
sont pas connues, mais une grande faiblesse, une nourriture maigre, débilitante,
et la malpropreté, paraissent le favoriser.

12° *Puce du chien*. Insecte à six pattes,
long d'une ligne et demie, ressemblant
beaucoup à la puce de l'homme, mais plus

(1) Les productions ou générations spontanées sont
admises par quelques savants, mais niées par la plupart d'entre eux. Si l'on veut connaître l'état de la
question, consulter les travaux contradictoires de
Flourens, Pasteur et Pouchet (de Rouen), les chroniques scientifiques de MM. Victor Meunier, Aristide
Roger, Louis Figuier, Rambosson, de Parville, etc.

velue, et ayant l'abdomen et les jambes d'un jaune brun. Caractères principaux : Suçoir non rétractile à la tête, presque vertical, dernière paire de pattes très-longue ; dernière phalange de tous les membres pourvue de deux crochets longs et ténus, au moyen desquels l'animal se tient sur la peau, aux poils, aux objets rudes, plus faiblement pourtant que le pou ; la puce rampe sur les objets lisses, marche très-vite sur la peau, mais son mouvement principal est le saut. — Elle occupe indistinctement tous les points du corps, et se nourrit de sang qu'elle soutire en perçant la peau avec son suçoir. En été, les puces sont plus nombreuses qu'en hiver. Chaque femelle, après l'accouplement, dépose vingt à trente œufs tout petits dans les interstices des planches, dans la poussière, la paille moisie, etc.; en dix à douze jours, ces œufs sont transformés en chrysalides; puis, après le même temps, l'insecte est parfait. Les puces du chien se communiquent à l'homme, au chat, au lapin, mais non aux chevaux ni aux ruminants.

13° *Trichodecte du chien.* Petit insecte jaunâtre, à six pattes, de forme ovale, assez semblable au pou, dont il diffère par de moindres proportions (1/2 à 4/5 de ligne); tête beaucoup plus large que celle du pou, presque carrée; pas de suçoir, bouche garnie de mandibules. Jambes longues, à deux articulations, d'un brun pâle, pourvues à leur extrémité d'un crochet pointu recourbé... Les trichodectes sont moins fréquents que les poux. Leurs sexes sont distincts. Ils se nourrissent de poils fins, peut-être aussi des écailles de l'épiderme, et déterminent des démangeaisons, des dénudations.

14° *Sarcopte de la gale.* Animal presque microscopique, qui se trouve sur la peau de certains chiens galeux et caractérise dans ce cas la véritable gale ou gale à sarcopte. La tête peut se retirer sous le thorax ; elle est pourvue d'une trompe-suçoir, composée de deux valvules; le corps est presque rond et garni latéralement de fortes soies. Pleinement développé, le sarcopte a huit pattes; les derniers tarses des quatre antérieures, ceux de la première paire des pattes postérieures sont formés en tuyaux, terminés par une espèce d'épanouissement contractile; les quatre pattes postérieures sont pourvues de soies de longueur inégale. — Les sarcoptes vivent des sucs de la peau. — Les sexes sont séparés ; les œufs mûrissent en huit à dix jours dans de petits conduits que la mère a forés... Les sarcoptes, surtout les femelles fécondées, transportent la gale sur les chiens sains. Quelquefois, surtout dans la saison froide, ils dispafaissent, bien que la gale persiste encore ; leur destruction cependant est indispensable pour la guérison complète de la maladie.

15° *Sarcopte de l'oreille.* Découvert par

Hering dans les ulcères malins de l'oreille ; a un dixième de ligne en longueur, corps arrondi, légèrement pointu en avant, arrondi en arrière, presque dépourvu de soies et strié à la face inférieure ; les membres naissent des bords latéraux du corps ; les quatre antérieurs sont pourvus de tuyaux, et les postérieurs de soies de longueur inégale.

16° *Tiquet du chien*. Insecte long de 3 à 4 lignes, avec huit pieds pourvus de crochets aigus doubles insérés sur une palette ; tête courte avec une trompe-suçoir à peine renfermée par les palpes ; ces dernières parties, le plastron et les pattes, sont d'un rouge brun foncé ; l'abdomen à vide est d'un rouge clair, et, rempli, gris-brun et très-distendu. — Le tiquet ou tique vit dans les bois, par terre, sur les arbres, s'attache aux chiens, même à l'homme ; et se remplit en suçant leur sang. A cet effet, il fore avec sa tête et s'implante avec les crochets de ses pattes dans la peau ; il s'y accroche de telle façon qu'on ne distingue sur celle-ci que l'abdomen épais et arrondi, lequel a l'apparence d'une vessie pleine de sang. Le tiquet tient si fortement à la peau que, si l'on veut extraire l'animal par l'abdomen, celui-ci se détache de la tête qui reste en place. — L'irritation et la douleur produites par le tiquet sont loin d'être aussi vives que celles des autres parasites dont on vient de parler : l'immobilité que garde presque toujours l'insecte, profite à sa victime.

X

Les parasites intérieurs décrits par M. A. Gobin, et qui certes peuvent donner lieu à des maladies de peau fort graves, sont les suivants:

1° *Ascaride marginé* ou *bordé*. Le genre ascaride, dit M. Gobin, se distingue par un corps rond, aminci en arrière et en avant, avec trois tubercules autour de la bouche; le pénis du mâle est simple et libre.—L'ascaride marginé habite souvent l'intestin grêle du chien; il se reconnaît à une membrane demi-lancéolée à droite et à gauche de la tête; sa longueur est de 54 millimètres à 19 centimètres.

L'*ascaride lombricoïde* est reconnaissable à sa tête sans appendices latéraux; il est long de 15 à 32 centimètres et de la grosseur d'une plume à écrire. Rarement on le rencontre isolé, mais réuni le plus souvent en paquets, dans tout le parcours des intestins.

2° Le *distome ailé* appartient à la famille des trématodes et au genre douve ou distome, caractérisé par un corps déprimé en forme de feuille, non ridé, avec deux pores placés en dessous, l'un devant l'autre. Le distome ailé se rencontre assez souvent avec l'ascaride dans l'intestin grêle.

3° Le *trichocéphale déprimé*, caractérisé

par un corps rond, aminci très-fortement en avant, gros et contourné en arrière; une bouche simple et ronde, se rencontre assez souvent dans le cæcum du chien.

4° Le *strongle trigonocéphale* (genre strongle) a pour caractères un corps cylindrique ou à tête globuleuse, une bouche ronde, entourée d'épines, de crochets ou de papilles. On rencontre ce parasite dans l'estomac, quelquefois dans le duodénum, parfois par petites pelotes dans la muqueuse de l'estomac; il a le corps gros et arrondi en arrière, mais mince et filiforme en avant.

5° Le *pentastome tænioïde* (genre polystome) est caractérisé par un corps déprimé, avec cinq ou six pores inférieurs disposés en croissants. On rencontre quelquefois ce parasite logé seul ou en compagnie dans un sinus frontal du chien, où il irrite la muqueuse nasale et peut provoquer des accidents nerveux et même la mort.

6° Le *ver solitaire* (tænia), de la famille

des entozoaires tænioïdes, ordre des ces-
toïdes, genre tænia — est caractérisé
par un corps très-allongé, déprimé, ar-
ticulé, et par une tête pourvue de quatre
suçoirs ou oscules. — Le corps de ces parasites ressemble assez à un long ruban plissé
en travers ; on en trouve dont la longueur
dépasse 10 mètres. Leur tête est presque
carrée ; elle offre à chacun des angles une
petite fossette ou suçoir et présente au milieu un tubercule qui ressemble souvent à
une trompe, et est, en général, armé d'un
cercle de crochets à l'aide desquels l'animal
se fixe aux parois de l'intestin où il demeure. — A cette petite tête succède un
cou filiforme qui s'élargit peu à peu et se
continue avec le corps dont le tissu est
blanchâtre et presque gélatineux. — On
rencontre dans les intestins du chien (intestin grêle) le tænia serrata et cucumerina.

XI

Passons aux descriptions données par Delabère-Blaine :

1° *Chancre dans l'oreille*. Par le défaut d'exercice, dit le savant vétérinaire, et avec une nourriture abondante, les chiens sont sujets à diverses maladies qui viennent évidemment d'une trop grande quantité de sang et d'autres humeurs qui, n'étant pas employée pour l'entretien de la machine, trouve d'elle-même une autre issue. Le chancre de l'oreille est évidemment produit *par cette disposition constitutionnelle à se débarrasser du superflu*. — Dans ces cas, on observe que le chien gratte fréquemment son oreille. En regardant à l'intérieur, on aperçoit de petits grains rouges, ayant l'apparence de la gale, formés par le sang desséché. Si le mal n'est pas arrêté à ce moment, l'ulcération a lieu ; on le reconnaît lorsque les parties internes de l'oreille, au lieu de présenter du sang desséché, sont humectées par de la matière. Le chien, tourmenté par une démangeaison cruelle, secoue continuellement la tête, et si l'on presse la base de l'oreille, la matière en sort, et l'animal témoigne de la douleur. — Lorsque le chancre dure longtemps, l'oreille interne se bouche et le sens de l'ouïe se perd; quelquefois l'ulcère pénètre dans l'intérieur et fait périr le chien. J'ai vu aussi quelques cas où l'ulcère s'est étendu sur la face et a pris un caractère cancéreux.

L'action de l'eau sur l'intérieur des oreilles paraît être aussi l'une des causes déterminantes du chancre de l'oreille. Il est à remarquer que les chiens qui vont souvent à l'eau sont plus sujets au chancre que les autres; toutes les variétés de chiens peuvent le contracter ainsi, surtout s'ils ont un mauvais régime, mais le chien de Terre-Neuve, les barbets et les épagneuls d'eau en sont fréquemment affectés, même lorsqu'ils ne sont pas soumis à un régime vicieux. Peut-être les longs poils qui garnissent leurs oreilles, tiennent-ils ces parties trop chaudes, y conservent-ils l'eau, en déterminant ainsi un afflux de fluides ou d'humeur. Les effets de l'eau, dans ce cas, sont certains, car j'ai vu fréquemment opérer des cures, lorsqu'on avait l'attention scrupuleuse d'éloigner ces chiens de l'eau, et surtout lorsqu'ils étaient soumis à un bon régime et que l'exercice ne leur manquait pas (1).

2° *Chancre sur le bord de l'oreille.* Cette affection diffère de la précédente ; elle consiste dans un ulcère de mauvaise nature

(1) Il est évident qu'un chien d'eau ne saurait contracter un chancre à l'oreille, uniquement parce qu'il va à l'eau : c'est *sa nature d'y aller.* Il faut une autre cause à son chancre. Delabère-Blaine ne voit ici que la cause immédiatement apparente du chancre. Ce n'est pas ainsi, à notre avis, qu'on doit envisager les choses. Quelque graves que soient les *effets,* c'est la cause, *toujours la cause,* qu'il faut rechercher et frapper.

dont le siége est au bord inférieur de l'oreille externe, divisée par une fente. Elle paraît occasionner une démangeaison intolérable, et les secousses continuelles de la tête du chien aggravent continuellement ce mal. — C'est une remarque singulière que, tandis que les chiens à longs poils sont plus sujets au *chancre interne* de l'oreille, ceux à poils ras soient en général les seuls qui se trouvent affectés du *chancre externe*. Les chiens d'arrêt et les chiens couchants qui ont eu les oreilles arrondies y sont moins sujets que ceux qui ont l'oreille dans toute sa longueur.

3° *Tuméfaction de l'oreille externe*. Les mêmes causes que les précédentes peuvent produire cette maladie, qui consiste dans une tumeur qui paraît à la face interne du lobe de l'oreille. Quelquefois cette tumeur acquiert un volume énorme, devient d'un poids considérable, de sorte que le chien en souffre beaucoup. Ce mal est plus fréquent dans les

chiens auxquels on conserve toute la longueur de l'orcille externe.

4° *Gale*. La gale du chien est une inflammation chronique de la peau, dont l'origine
est dans certains cas idiopathique (existant
par elle-même), dans d'autres le résultat de
la contagion. Cependant, sa propriété contagieuse n'est pas toujours aussi grande qu'on
l'a supposé : j'ai vu des chiens, qui ont couché longtemps avec d'autres, affectés de la
gale, sans la gagner ; mais dans quelques in-
dividus, la prédisposition est telle, qu'ils en
ont été affectés par le contact le plus court
et le plus léger. — La gale acquise par contagion est plus susceptible de se communi-
quer que celle qui est le résultat d'une constitution particulière.

La gale est aussi héréditaire. Une chienne
couverte par un chien galeux donne souvent des petits chiens galeux; lorsque c'est
la chienne qui est atteinte de la gale, bien
certainement ses petits en seront affectés

plus tôt ou plus tard. J'ai vu des petits chiens qui en étaient couverts peu de jours après leur naissance.

La constitution morbide qui peut donner naissance à la gale est le résultat de plusieurs causes. Lorsque des chiens sont réunis en plus ou moins grand nombre, l'âcreté de leur transpiration et de leurs urines fait naître une gale très-virulente et très-difficile à guérir. La même chose arrive, lorsqu'ils sont nourris avec des aliments salés ; c'est pourquoi les chiens qui arrivent des différents pays par mer, sont ordinairement affectés de la gale ; une mauvaise nourriture, une litière sale et froide, la produisent; et le même effet se produira plutôt encore d'une nourriture abondante, et d'une habitation close et renfermée. Dans ces deux situations, en apparence contraires, *la balance entre les fonctions de la peau et de la circulation n'est pas conservée*, et cette maladie est une des conséquences.

La gale offre des variétés bien distinctes ; elle présente aussi quelques anomalies.

Elle se déclare ordinairement par une éruption sur différentes parties du corps, quelquefois bornée sur le dos, dans d'autres cas s'étendant aux bras, aux cuisses et aux articulations. Ces éruptions sont d'abord pustuleuses ; cependant, dans certaines circonstances, ce sont de simples crevasses de la peau, laissant échapper une humeur séreuse qui se concrète et forme des boutons.

Une autre espèce de gale — la *gale rouge* — se distingue par la teinte rouge que prennent la peau et les poils des parties affectées. Dans cette variété, on remarque moins de boutons, mais la peau, surtout dans les chiens blancs, paraît tout entière dans un grand état d'inflammation. La sensibilité est augmentée et les démangeaisons sont insupportables. Dans la gale rouge, les poils subissent un état morbide et leur couleur s'altère, surtout à leurs extrémités ; si

la gale est de longue durée, le poil finit
par tomber et laisse le corps tout nu. Les
chiens qui ont une robe à poils durs sont
plus particulièrement sujets à éprouver
cette décoloration.

Une autre espèce de gale, mais bien
moins fréquente que les précédentes, paraît
être une affection particulière des glandes
sébacées (de la nature du suif), qui s'ul-
cèrent intérieurement et dont les orifices
excréteurs s'agrandissent. Cette affection est
rarement répandue par tout le corps, mais
elle est partielle et attaque la face, le tour
des articulations ou quelques portions iso-
lées du corps. Les parties malades sont tuméfiées, luisantes et spongieuses. De chacune des petites ouvertures il découle une
matière qui tient du mucus et du pus. Cette
espèce de gale ne se rencontre guère que
dans les fortes espèces de chiens, et commu-
nément dans les chiens d'arrêt ou couchants.

Une autre forme sous laquelle la gale ap-

paraît fréquemment est celle que les chasseurs ont appelée *ébullition*. Dans beaucoup
de cas, cette maladie paraît être l'effet d'un
état inflammatoire de tout le corps, et, dans
quelques-uns, d'une inflammation interne
d'un organe particulier. Alors les boutons
ont une forme pointue. Les chiennes, après
le part, et les chiens nouvellement guéris
de la maladie, en sont souvent attaqués.
D'autres irritations fébriles peuvent aussi
produire cette variété : ainsi, un chien qui
aura beaucoup marché pendant une journée
très-chaude, pourra gagner une ébullition
s'il est exposé à un air froid. — De même,
à la suite d'un accès inflammatoire, il se
manifestera une soudaine éruption, accom-
pagnée de rougeur et de chaleur. Cette
éruption a souvent la forme de pustules, et
il n'est pas rare qu'elle s'étende sur tout le
corps. Quelquefois elle ressemble un peu à
la naissance de la gale; mais il se forme de
larges plaques rudes, où le poil tombe et

laisse la peau à nu, excepté l'élévation produite par l'éruption squameuse, dont la démangeaison est plus ou moins violente.
Plusieurs chasseurs pensent que cette maladie peut être occasionnée par des aliments
donnés trop chauds.—Il est certain que les
substances salées la feront naître, ainsi
qu'une nourriture trop constante avec des
farines d'avoine et d'orge.

Les *anomalies* de la gale sont variées. Le
cancer de l'intérieur de l'oreille et celui des
parties intérieures sont des affections de
nature psorique ; on doit ranger dans la
même classe l'inflammation du scrotum,
l'ulcération des ongles et celle des paupières.

De temps à autre, il se déclare une espèce
de *gale aiguë*. L'animal est pris d'un violent
accès de fièvre, la respiration est pénible et
il ne peut dormir. Quelques parties du
corps, ordinairement la tête, se tuméfient,
et le second ou le troisième jour, il se dé-

clare des ulcérations sur le nez, les paupières, les lèvres et les oreilles. Ces ulcérations sont superficielles et étendues, et persistent plus ou moins longtemps.

La gale est dangereuse ; souvent même elle est mortelle. Lorsqu'elle dure longtemps, elle se termine par une hydropisie. Dans beaucoup de cas, les glandes mésentériques s'engorgent et l'animal meurt dans le marasme ; enfin, dans aucune circonstance, on ne peut la négliger impunément.

La gale nuit beaucoup aux chiens de chasse ; elle les empêche de remplir leur but, leur fait perdre l'odorat, affaiblit leur haleine et leurs forces, et, finalement, je ne crois pas qu'un chien affecté de la gale soit un compagnon bien sain pour l'homme (1).

(1) Sur ce point, je partage entièrement l'opinion du savant vétérinaire anglais. J'irai même plus loin : il n'est chez le chien, dirai-je, aucune affection cutanée qui ne puisse se transmettre à l'homme ; mais cette transmission exige, heureusement, certaines

Les recherches nouvelles, ajoute le traducteur de Delabère-Blaine, peuvent faire regarder comme certain que, au moins l'une des variétés de la gale reconnaît pour cause la présence d'un insecte microscopique du genre des mites; c'est l'*acarus scabiei*. Cette espèce de gale est beaucoup plus facile à guérir que celle qui est une affection particulière du tissu de la peau et qu'on peut appeler *organique*. (V. Delaguette.)

5° *Inflammation du scrotum* (enveloppe des testicules). C'est une espèce de gale aiguë. Il en résulte pour l'animal une douleur très-vive; il y a irritation, chaleur et tuméfaction. Quelquefois il se montre des ulcérations superficielles qui finissent par donner du pus; d'autres fois, la peau est seulement rouge et enflammée. Malgré la

conditions telles que peau fine ou ulcérée. En outre, l'affection cutanée, ainsi transmise à l'homme, est rarement aussi grave que chez l'animal; le plus souvent même, elle est dénaturée et relativement très-bénigne.

nature de cette affection, elle peut, ainsi
que l'espèce de gale qui attaque la tête,
perdre de son irritation et se passer sans le
secours des médicaments indiqués pour les
affections psoriques.

XII

Les traitements divers préconisés par Delabère-Blaine, Hertwig et Gobin diffèrent
peu au fond.

Le Dr Hertwig recommande :

Contre le *chancre du bord de l'oreille* : Au
début, et chez les chiens bien nourris, régime maigre ; tous les trois ou quatre jours,
un purgatif ; pendant quelques jours, rafraî-
chir souvent la conque de l'oreille avec de
l'eau saturnée. Pour empêcher les secousses
violentes des oreilles et toute autre irritation
de la conque, tenir celle-ci modérément
comprimée contre la tête au moyen d'un
bandeau en toile molle ; ce bandage est

4

très-important. — Quand l'ulcération est formée, onguent mercuriel gris deux fois par jour sur l'ulcère et ses alentours; plus tard, essence de térébenthine, précipité rouge de mercure, nitrate d'argent et fer rouge. J'ai obtenu les meilleurs effets d'un onguent composé de précipité rouge, 2 grammes, et onguent basilicum, 12 à 16 grammes, par jour, sur l'ulcère. — Si ces moyens ne donnent pas de résultat, le mieux sera de couper avec des ciseaux la partie malade, de manière à donner au bord la forme de l'oreille. L'hémorrhagie sera arrêtée avec de la poudre de colophane ou de la cendre, etc., ou par la cautérisation au fer rouge.

Contre l'*échauboulure* : Administration de sulfate de soude ou de sulfate de potasse ; régime maigre ; repos dans un endroit frais ; application extérieure sur les eschares d'huile ou de graisse pure.

Contre la *dartre graisseuse* : régime maigre, pas de viande ; plusieurs jours de suite,

purgatif composé de calomel et de gomme-
gutte (de chacun 15 à 25 centigrammes);
extérieurement, deux fois par jour, légère
application d'onguent mercuriel ou mieux
d'une pommade composée d'axonge et de
précipité blanc; de temps en temps, nettoyer la place avec eau de savon.

Contre le *prurigo* : Suppression des causes
déterminantes, c'est-à-dire réduire la nourriture, donner de l'exercice en plein air,
garantir des refroidissements et donner des
soins de propreté; dérivation des humeurs
de la peau au moyen de purgatifs répétés
de temps en temps; diminution de la sensibilité de la peau par des bains tièdes d'eau
de son, des bains narcotiques ou des bains
au savon blanc. A défaut de bains, lotions
avec une solution très-étendue d'acétate de
plomb, même avec une addition d'un extrait
narcotique. Application d'huile douce sur
la peau, mais en ayant soin de ne l'y pas
laisser séjourner plus de vingt-quatre

heures, parce qu'elle deviendrait rance et augmenterait la démangeaison.

Contre la *dartre sèche rouge* : Mêmes moyens que contre le prurigo ; en outre, donner pendant quelque temps le sulfure d'antimoine (5 à 15 grains, deux fois par jour sur la nourriture), ou bien aussi le sublimé corrosif (1/12 à 1/8 de grain) ; lotionner extérieurement, soit avec une simple dissolution de sublimé corrosif (1 grain pour une once d'eau), soit avec l'eau phagédénique jaune (1), ou bien avec une faible dissolution de foie de soufre. Régime maigre. Beaucoup d'exercice en plein air.

Contre la *dartre furfuracée* : Bains d'eau

(1) Je ne sais quelle est la composition de cette eau phagédénique jaune. Dorvault, dans l'*Officine*, ne mentionne que la noire, laquelle se compose de calomel, d'eau de chaux et d'opium pulvérisé. Les eaux phagédéniques de Fernel et de Grindel, au lieu de calomel (protochlorure de mercure) renferment du sublimé corrosif (deutochlorure de mercure). — Toutes ces préparations doivent être proscrites.

savonnée ou d'une lessive de potasse; eau phagédénique et, généralement, mêmes remèdes que contre la dartre rouge.

Contre la *dartre rongeante* : Nourriture légère et en quantité modérée; dérivatifs à l'intérieur. Extérieurement, cautérisations à la pierre infernale, créosote, essence de térébenthine, pommade au précipité blanc ou rouge.

Contre la *dartre squameuse* : Nourriture végétale, purgatifs répétés de temps en temps, emploi du soufre, du sulfure d'antimoine, de la solution arsenicale de Fowler (5 à 10 gouttes par dose, 2 fois par jour) ou du sublimé corrosif (5 centigrammes par 30 grammes d'eau). Extérieurement, eau de goudron, onguent de goudron, pommade mercurielle, lotions avec des solutions de foie de soufre et autres substances propres à modifier l'irritabilité de la peau.

Contre la *gale* : Modification du régime défectueux qui pourrait exister; aliments de facile digestion (gruau d'avoine, carottes, lait coupé, etc.); exercice modéré en plein air, lorsqu'il fait beau.

Aux chiens bien nourris, on donne un purgatif de sel de Glauber ou de calomel, ou bien aussi de soufre purifié avec de la crème de tartre; en outre, on leur met journellement une petite ou une grande (selon leur taille) pincée d'antimoine cru dans la pâtée.

Dans les gales invétérées, on doit généralement chercher à régulariser la digestion, c'est-à-dire préparer les humeurs par des médicaments amers et diurétiques. — A l'extérieur, il est bon que le traitement débute par un bain ou par un lavage général à l'eau fortement savonnée. Ce moyen suffit quelquefois à lui seul au début de l'affection lorsqu'il se fait à fond avec une brosse une fois par jour. — Si l'affection n'est plus tout à fait récente, on fait par un temps chaud des lotions avec une solution de po-

tasse, ou mieux encore de sel de nitre; ou,
si l'on veut agir plus énergiquement, avec
un mélange de poudre à tirer, sel de cui-
sine, eau-de-vie, ou bien de potasse et sal-
pêtre, eau et eau-de-vie, le tout bien trituré.
Ce dernier moyen est plus doux que le pré-
cédent et il ne noircit pas. Les lotions se
font une ou deux fois par jour. — On peut
aussi employer une décoction d'ellébore
blanc ou de tabac une fois par jour, et con-
tinuer pendant cinq ou six jours.

Quand le temps est froid, on fait mieux
d'employer ces remèdes sous forme de pom-
mades, par exemple une pommade composée de poudre d'ellébore blanc, ou de soufre
ou de foie de soufre, et d'une once de saindoux ou d'huile de poisson avec quantité
égale de savon noir; ou bien la pommade
oxygénée, composée de 4 grammes d'acide
sulfurique et de 30 grammes de graisse, etc.

Une pommade qui possède un effet particulier contre les acares est la suivante:

Sel de nitre. . . . . . . 1 once (30 grammes).
Soufre. . . . . 1 once.
Huile bouillante ou
   savon noir. . . . . . . 3 onces.

Triturer.

On applique cette pommade une fois par jour pendant trois jours, puis on fait un lavage à fond. Au bout de huit jours, on renouvelle les frictions.

Le goudron tout simplement, ou bien l'huile empyreumatique animale (1) affaiblie avec de l'eau de chaux ont également beaucoup d'effet; mais, pour les chiens d'appartement, ces remèdes, de même que la pommade au foie de soufre, ne conviennent pas, à cause de leur mauvaise odeur.

Quand on peut éviter que les chiens se lèchent aux parties malades, on peut aussi se servir de la pommade mercurielle grise, mais sur de petites places seulement, de

(1) Corne de cerf distillée.

temps en temps, et en tout trois fois environ ; après quoi, on suspend les frictions pendant au moins huit jours. Si l'on n'observe pas cette précaution ou si les chiens se lèchent, il en résulte facilement de la salivation, de l'inappétence, une très-grande faiblesse, quelquefois une fièvre putride et la mort (1).

Les malades doivent toujours, après le premier nettoyage, recevoir une litière ou une couche parfaitement propre; il faut, sous tous les rapports, les tenir séparés des autres, et même, après guérison, ne pas les laisser tout de suite comumuniquer avec eux.

(1) Tout médicament qui, soit par ses propriétés intrinsèques, soit par son mode défectueux de préparation, peut causer la mort ou une maladie grave, doit être rejeté... Quand donc acceptera-t-on cette vérité si évidente, digne de M. de La Palisse, que ce qui fait du mal ne saurait faire du bien? Quand donc comprendra-t-on que *guérir* un homme ou une bête avec certains médicaments, c'est dénaturer leur maladie, la *transformer*, — le plus souvent en pis, — mais non pas la guérir? Le sens commun n'est pas rare, dit-on, mais qu'on en fait rarement usage?...

Contre le *pou du chien* : Enduire la peau
d'une huile grasse, ou mieux laver très-
fréquemment avec une infusion d'anis et de
persil, ou avec une décoction de tabac, à laquelle on ajoute du vinaigre; ou bien lotionner avec une solution de sublimé corrosif; ou encore frictionner certains points
(nuque, partie supérieure du cou et sur le
dos) avec un peu d'onguent mercuriel, en
ayant grand soin d'empêcher par une mu-
selière que le chien ne se lèche et de ne re-
nouveler les frictions que tous les deux ou
trois jours. — La poudre insecticide persane (1), répandue sur la peau, a donné de
bons résultats, mais il faut l'employer journellement pendant huit à quinze jours; il
est bon d'humecter d'abord un peu la peau
aux endroits où l'on veut l'appliquer. —

(1) Feuilles et racines pulvérisées du pyrèthre de
Dalmatie. Cette poudre persane n'est autre que l'insecticide Vical, le morto-insecto de Julien, la poudre
de Mismaque, etc.

Nourriture substantielle en quantité suffisante aux chiens maigres et débiles ; litière
propre, renouvelée au moins une fois par
semaine.

Contre la *puce du chien* : Grande propreté ;
lavages fréquents avec de l'eau froide ou
mieux avec de l'eau de savon ; baigner et
peigner ensuite quand l'animal est encore
mouillé. Niche très-propre ; balayer tous les
jours le plancher et tous les trois ou quatre
jours l'arroser d'eau bouillante ; donner de
la paille sèche et propre ou de fins copeaux
pour litière. — Pour les chiens d'appartement, battre souvent et recouvrir à neuf le
coussin. — On peut, en outre, faire des
lotions avec des décoctions amères, surtout
d'absinthe ou de feuilles de noyer, et en
arroser le plancher ; on peut aussi saupoudrer les chiens avec la poudre persane. —
On se trouve encore bien d'enduire certaines
petites places à la peau avec de l'onguent
mercuriel gris.

Contre le *trichodecte du chien* : Mêmes moyens que contre les poux.

Contre le *sarcopte de la gale* : Même traitement que pour la gale.

Contre le *sarcopte de l'oreille* (inflammation du conduit auditif externe) : D'abord, extraire les corps étrangers qui pourraient se trouver dans le conduit auditif, bien nettoyer le conduit et couper les longs poils qui pourraient s'y trouver agglutinés. — Sous le rapport thérapeutique, commencer par donner un purgatif, que l'on répète tous les six à huit jours, et même plus souvent si le mal est rebelle et que les chiens soient bien nourris. On se trouvera encore très-bien, dans ce dernier cas, de l'application d'un séton à la nuque ; mais, dans les cas récents, cela n'est pas indispensable. — L'inflammation se combat, dans la première période, par une faible dissolution de sous-acétate de plomb, dont on laisse tomber, toutes les deux ou trois heures, quelques gouttes dans le conduit auditif. S'il y a forte douleur, on ajoute un peu d'opium ou d'extrait de jusquiame, ou bien on emploie une décoction de jusquiame et de belladone. L'huile bouillie de jusquiame a l'inconvénient de rancir et d'augmenter les douleurs; mais un remède domestique qu'on pourra employer avantageusement, c'est l'infusion de fleurs de sureau dans du lait. — Si la sécrétion est déjà plus abondante, on emploiera une eau de Saturne plus forte, ou bien une faible dissolution de sulfate de zinc ou de sulfate de cuivre; mais ce qui rend surtout d'excellents services à cette période, c'est un mélange de sous-acétate de plomb, sulfate de zinc et eau, qu'on emploie deux ou trois fois par jour. — Lorsqu'il existe une véritable suppuration ou sécrétion d'un ichor fétide ou bien de l'ulcération, il faut recourir au sulfate de cuivre, à la pierre calcaire ou à la pierre infernale dans eau distillée ou mieux dans des infu-

sions aromatiques. — Les décoctions d'é-
corce de saule, de chêne ou de noix de galle
conviennent également très-bien lorsque la
peau est boursouflée. — Lorsque les parties
ulcérées sont très-douloureuses, l'eau jaune
phagédénique ou bien une faible dissolution
de sublimé corrosif avec de la teinture d'o-
pium sont d'un excellent effet. — Lorsqu'il
y a granulation très-luxuriante ou suppuration très-fétide, la créosote affaiblie est le
remède le plus efficace.—Dans les sécrétions
très-abondantes, les poudres sont indiquées;
elles ont l'avantage d'absorber une partie
de la matière sécrétée et d'empêcher la réac-
tion sur les parties souffrantes. La poudre
la plus convenable est la simple poudre de
charbon ou un mélange de cette poudre avec
de la poudre de fleurs de camomille ou d'é-
corce de chêne ou de saule, etc. Le blanc
d'œuf a l'inconvénient de se fixer dans les
plis du conduit auditif, de s'y durcir et d'y
occasionner une pression nuisible.

Nourriture maigre ; beaucoup de mouvement.

Contre le *tiquet du chien* : On enduit l'insecte d'onguent mercuriel gris, ou de teinture d'aloès ou d'essence de térébenthine,
ou d'huile animale empyreumatique. On
peut aussi le couper avec les ciseaux ; la
tête, qui reste et se dessèche, est expulsée
par une légère suppuration.

XII

Le traitement recommandé par M. A.
Gobin dans chacune des affections ci-dessus
n'est, en général, autre que celui du docteur Hertwig. Les modifications qu'il y ap-
porte sont rares et peu importantes.

Son traitement contre les parasites intes-
tinaux peut se résumer ainsi :

Usage réitéré de purgatifs vermifuges
(aloès, huiles de ricin et de croton tiglium);
vomitifs pour les vers qui habitent l'esto-

mac; huile empyreumatique unie à l'essence de térébenthine et huile de lin.

Contre les ascarides, lavements à l'ail.

Contre le tænia, poudre de racine de grenadier ou poudre de racine de fougère mâle; en même temps, lavements de lait tiède. On peut employer aussi les narcotiques, l'extrait de jusquiame, 20 à 50 centigr., uni à l'opium, 15 à 30 centigr., une cuillerée à bouche dans une décoction de racine de gentiane.

Pour expulser les ascarides, il suffit souvent d'une cuillerée d'huile d'olive, de lin, de colza ou d'œillette, de lavements à l'asa fœtida, ou d'un breuvage absinthé.

L'animal traité par les vermifuges doit recevoir une nourriture moitié végétale, moitié animale, et en quantité modérée.

XIII

Delabère-Blaine préconise les traitements ci-après :

Chancre dans l'oreille : Le traitement, dit-il, doit être plus ou moins compliqué, suivant les causes de la maladie. Corriger les écarts de régime, selon que le malade a été fortement nourri ou tenu dans une grande réclusion. L'abstinence et les purgatifs combattent le trop d'embonpoint ; un logement frais, aéré, de l'exercice, contribuent à donner une direction convenable aux fluides. Lorsque la rougeur de la peau, une transpiration puante, des éruptions psoriques (gale), annoncent une mauvaise constitution, alors, à l'exercice on joindra une diète végétale, l'administration d'altérants et de quelques purgatifs.

Lorsque la santé est tout à fait altérée, on peut retirer un grand avantage d'un séton placé sur le cou. La saignée est utile, lorsque le chien est trop gras.

Les topiques externes sont pareillement nécessaires pour la cure et, dans beaucoup de cas, ils suffisent lorsque le mal n'est que le résultat de bains ou de lavages souvent répétés; sur la fin, une lotion composée d'une demi-drachme d'acétate de plomb (sucre de plomb), dissous dans 4 onces d'eau de rose ou de pluie, est tout ce qui convient. On en introduira une cuillerée à café, à la température du corps, dans l'oreille, matin et soir, en ayant soin de frotter la racine de l'oreille en même temps, pour en faciliter l'entrée. Dans les cas rebelles, il est prudent d'ajouter dans la lotion 15 ou 20 grains de sulfate de zinc (vitriol blanc), et l'on obtiendra de meilleurs effets si l'on se sert, pour laver, d'une décoction d'écorce de chêne au lieu d'eau. Dans certaines circonstances, on a obtenu des succès en introduisant de la même manière de l'acétate de cuivre (vert-de-gris) mêlé avec de l'huile; dans d'autres, le sous-muriate de mercure (calomélas) et l'huile ont produit de l'amendement. Une très faible injection de muriate suroxygéné de mercure (sublimé corrosif) a triomphé lorsque toutes les autres applications avaient été infructueuses.

Chancre sur le bord de l'oreille. — Arrondir les oreilles dès que le chancre paraît; mais, pour réussir, l'opération doit se faire bien au-dessus du chancre. On emploie aussi la cautérisation sur l'ulcère, soit par le feu, soit par quelques substances caustiques; mais le succès en est aussi incertain.

S'il y a lieu de croire que le défaut d'exercice, une trop forte nourriture, sont les causes de la maladie, on suivra les règles indiquées pour le chancre interne. Autrement, le traitement externe doit suffire; un onguent fait avec parties égales de nitrate de mercure et de cérat de cadmie (oxyde de zinc impur, arsenical, etc.) peut être appliqué une fois par jour, en ayant soin de garantir les oreilles du mouvement brusque de la tête par une espèce de petit bonnet.

On peut essayer du remède suivant :

Muriate suroxygéné de mercure (sublimé corrosif) en poudre très-fine, 3 grains; cérat de cadmie, 1 drachme; soufre doux ou sublimé, 1 scrup.

Dans quelques cas, le muriate sur-oxygéné de mercure, dissous dans 4 onces d'eau, à la dose de 6 grains, a agi efficacement en lotions; celles fortement astringentes, comme l'alun dissous dans une décoction de tan, ont été employées avec utilité.

Tuméfaction de l'oreille. — Donner sortie à l'humeur par une ouverture assez grande; introduire par la plaie une mèche de charpie pour prévenir la trop prompte réunion des bords de la plaie. On peut aussi passer un séton d'un bout à l'autre de la tumeur. Par ces moyens, il se forme un véritable pus, suite d'une inflammation qui opère la réunion graduelle des parties séparées. — Il n'est pas prudent d'ouvrir la tumeur avant de sentir la fluctuation. — Maintenir, pendant le traitement, les oreilles fixées par une espèce de bonnet.

Gale. — Contre l'espèce de gale que Delabère-Blaine considère comme une maladie constitutionnelle, ce vétérinaire recommande :

N° 1.

Soufre en poudre, jaune ou noir....... 4 onces.
Muriate d'ammoniac (sel ammoniac).... 1/2 once.
Aloès en poudre..................... 1 drachme
Térébenthine de Venise.............. 1/2 once.
Saindoux........................... 6 onces.
     Mélangez.

Ou n° 2.

Tabac en poudre............. .... 1/2 once.
Ellébore blanc en poudre............ 1-2 id.
Soufre en poudre................... 4 onces.
Aloès en poudre.................... 2 drachmes
Saindoux... .... 6 onces.

Ou n° 3.

Charbon de bois en poudre........... 2 onces.
Soufre............................. 4 id.
Potasse.......................... 1 drachme.
Térébenthine de Venise............. 1/2 once.
Saindoux.......................... 6 onces.

Ou n° 4.

Acide sulfurique.......................... 1 drachm.
Goudron.................................. 2 onces.
Chaux en poudre.......................... 1 id.
Saindoux................................. 6 id.

Ou n° 5.

Décoction de tabac....................... 3 onces.
— d'ellébore blanc............. 3 id.
Sublimé corrosif......................... 5 grains.

Dissolvez le sublimé corrosif dans les décoctions qui ne doivent pas être très-fortes ;
lorsqu'il est dissous, ajoutez 2 drachmes d'a-
loès en poudre, pour donner un mauvais
goût à cette lotion et empêcher le malade
de se lécher.

Les formules pour la *gale rouge* sont les
suivantes :

N° 6.

De l'un ou l'autre des onguents, n°ˢ 1,
    2 ou 3............................... 6 onces.
Onguent mercuriel doux.................. 6 id.
        Mélangez,

Ou n° 7.

Charbon de bois en poudre................ 1 once;
Craie préparée........................ 1 id.
Suracétate de plomb.................... 1 drachme
Précipité blanc de mercure............. 2 id.
Soufre................................. 2 onces,
Saindoux............................... 5 .

    Mélangez.

Dans quelques cas, l'onguent n° 4 et celui n° 6, étant employés alternativement d'un jour à l'autre, ont donné de bons résultats. Dans d'autres, la lotion n° 5 a produit de bons effets en l'unissant avec de l'eau de chaux.

Dans la *gale rouge* peu intense, la lotion suivante a eu des succès :

N° 8.

Sublimé corrosif...................... 5 grains.
Sulfure de potasse (foie de soufre)...... 1/2 once.
Eau de chaux...... .... 6 onces.

    Mélangez.

Le traitement de la troisième variété de gale (affection particulière des glandes sébacées) est très-différent. Lorsque les petits ulcères paraissent, on doit avec une petite seringue leur injecter la lotion n° 8, et l'on frottera ensuite toutes les parties affectées avec l'onguent suivant :

N° 9.

Onguent de nitrate de mercure......... 2 drachm.
Suracétate de plomb.................... 1 scrupule.
Fleurs de soufre lavées................ 1/2 once.
Saindoux.............................. 1 once.

  Mélangez.

La quatrième espèce de gale (ébullition) exige à peu près le même traitement; cependant, la saignée, les purgatifs, les dépuratifs sont ici plus nécessaires. — Quant aux applications externes, il faut se rappeler que dans ce cas comme dans toutes les autres espèces de gale, lorsque l'inflammation de la peau est très-grande, il faut d'abord calmer cette inflammation avant de faire usage des différents topiques indiqués. On obtiendra facilement cet effet par le moyen suivant :

Suracétate de plomb................ 1 drachme
Onguent de blanc de baleine.......... 2 onces.

Lorsque l'irritation est détruite, employez l'onguent n° 3, ou alternez avec l'onguent n° 6.

La décoction de tabac produit de bons effets dans les affections légères; mais on doit alors empêcher les chiens de se lécher, car un empoisonnement pourrait s'ensuivre.

Saignée presque toujours, surtout dans la gale rouge; *séton* au cou, lorsque la tête est très-malade.

Tel est le traitement externe préconisé par Delabère-Blaine contre la gale et ses principales variétés. A côté de ce traitement externe, et parallèlement à lui, il recommande un traitement interne :

Bonne nourriture et même, souvent, changement complet de l'espèce des aliments; médecines régulièrement administrées, surtout le sel d'Epsom à petites doses et deux ou trois fois la semaine. Mais,

dit l'auteur, le remède interne le plus efficace, particulièrement dans la gale rouge,
est le suivant :

Sulfure noir de mercure (æthiops minéral) 1 once,
Surtartrate de potasse (crème de tartre)... 1 id.
Nitrate de potasse (nitre).............. 2 drachmes

Divisez en 16, 20 ou 24 doses, suivant la
force du chien, et donnez-en une chaque
matin ou soir.

Dans les cas désespérés, et lorsque les remèdes indiqués ont échoué, on recourra à
la recette qui suit :

Acide sulfurique...................... 10 gouttes.
Conserve de roses..................... 1 once.
Fleurs de soufre...................... 1/2 once.

Divisez en 8, 12 ou 15 pilules, suivant
la force du chien, et donnez-en une tous les
jours,

Ou bien à celle-ci :

Muriate suroxygéné de mercure........ 5 grains.
Eau de fontaine...................... 3 onces.

Dissolvez et faites-en 12 ou 15 doses, et donnez-en une matin et soir.

Delaguette, le traducteur et commentateur de Delabère-Blaine, fait remarquer avec raison que la gale produite par l'*acarus scabiei* (insecte microscopique du genre des mites) est beaucoup plus facile à guérir que celle qui est une affection particulière du tissu de la peau et que l'on peut appeler *organique* (1).

« Les chiens, ajoute Delaguette, — et ce passage doit être noté, quoique je n'admette pas toutes les déductions du savant vétérinaire, — les chiens sont plus sujets que les autres animaux à l'espèce de gale dite *organique*; aussi, dans ces animaux, le traitement est-il toujours plus long et les récidives plus fréquentes. Leur peau a une texture particulière, et quoique la transpira-

(1) Nous disons plus loin ce qu'est cette *gale organique* de Delabère et de Delaguette et pourquoi elle résiste si bien parfois à tout traitement.

tion insensible (gazeuse) soit très-forte, ce qui est prouvé par l'odeur désagréable (pas toujours) qu'exhale leur corps, cependant on ne les voit jamais suer (jamais, c'est trop dire; d'ailleurs, le chien sue positivement par sa peau interne, la muqueuse buccale). La thérapeutique vétérinaire est donc privée d'un des moyens puissants et en même temps des plus utiles dans le traitement des maladies de la peau, celui de provoquer la sueur (2). Je pense même que les sudorifiques pourraient devenir nuisibles dans le traitement de la gale des chiens, en augmentant l'état d'irritation de la peau, dont les vaisseaux exhalants ne pourraient porter au dehors l'excès des fluides que les sudorifiques porteraient à cet organe. »

(1) Ne jamais provoquer la sueur ou fort rarement, chercher toujours à rétablir *la perspiration*, modifier plus ou moins profondément les fluides viciés, tels sont les trois principes dont la violation empêch: si souvent la guérison des maladies de peau les plus bénignes.

Delaguette termine son commentaire en conseillant, dans tous les cas de gale, les préparations sulfureuses, spécialement le sulfure de potasse (foie de soufre). Il réprouve — et avec raison — tous les remèdes actifs où se trouvent la décoction de tabac, les acides minéraux, le sublimé corrosif, etc. Malheureusement il ne les réprouve pas parce qu'ils sont tout à fait inopportuns, mais uniquement parce qu'ils peuvent empoisonner les chiens, « car, dit-il, on a beaucoup de peine à les empêcher de se lécher.» Voilà sa grande raison !... Il approuve, au reste, le traitement interne, les saignées, les sétons recommandés par Delabère-Blaine.

Inflammation du scrotum. — Saignées, purgatifs, altérants rafraîchissants, nourriture modérée. Frotter les parties malades avec cette composition :

Suracétate de plomb (sucre de plomb.... 10 grains.
Blanc de baleine...................... 1 once.

Mélangez. — Avoir soin d'empêcher le chien de se lécher. L'inflammation calmée, soumettre le chien au traitement indiqué pour la gale.

Puces. — Laver le chien avec de l'eau de savon; puis le peigner avec un peigne à dents serrées, ou, ce qui vaut mieux (car le lavage est quelquefois nuisible), faire coucher le chien sur des copeaux fins et frais de sapin jaune; changer ces copeaux toutes les semaines. Si l'on ne peut s'en procurer, frotter une ou deux fois par semaine la peau avec de la résine très-fine.

Ulcères. — Les chiens, dit Delabère-Blaine, sont exposés aux ulcérations des différentes parties du corps; ces ulcérations reconnaissent des causes très-différentes.

Le *cancer,* qui est l'ulcère du plus mauvais caractère, n'est pas très-commun dans le chien; non-seulement il a une marche plus lente que chez l'homme, mais encore il dérange peu la santé générale, attaqué très-rarement ou même jamais les poumons, et ne paraît pas occasionner les douleurs lancinantes de celui de l'espèce humaine.

Cependant, quelquefois un caractère plus violent marque ses progrès. J'ai souvent vu l'affection ulcéreuse, appelée *chancre de l'oreille*, après une longue existence, prendre un véritable caractère carcinomateux (cancéreux), s'étendre rapidement sur les muscles de la face, et, après avoir détruit un œil et s'être montré sur la langue et le gosier, faire périr l'animal.

Le *squirrhe* quelquefois, rarement le cancer, affecte les testicules du chien ; le cancer est plus commun dans les mamelles, l'utérus et le vagin des femelles.

Delabère-Blaine conseille : l'excision, — l'application journalière de cataplasmes de feuilles de ciguë — l'administration de pilules composées d'un, deux ou trois grains d'extrait de ciguë (selon la force et la taille du chien) et de dix, quinze ou vingt grains

d'éponge brûlée. On les donnera une ou
deux fois le jour, suivant l'état des forces. —
L'excision est cependant le meilleur remède,
quand elle est possible.

Les yeux sont souvent ulcérés par *la maladie* (Distemper) et cette affection persiste
et fait encore des progrès, lors même que *la
maladie* est guérie (1).

Toutes les parties glanduleuses sont très-
susceptibles d'ulcérations; les plus com-
munes viennent aux mamelles des chiennes.
Le vagin, la matrice, sont souvent affectés
d'un ulcère, avec des excroissances fongueuses, exhalant du sang ou un ichor sanguinolent. Cette affection est celle qui se
rapproche le plus de la nature du cancer.

(1) Comment l'auteur n'a-t-il pas vu que cette ulcération des yeux — qui n'est rien par elle-même
puisque le Cynophile la fait disparaître en même
temps que la maladie et sans qu'il soit besoin d'aucun traitement local — n'était autre chose qu'une
conséquence du traitement général ou local par lui
adopté?

La verge est également le siége d'une affection ulcéreuse, d'où s'écoule un ichor sanguinolent; cependant cet ulcère ne se propage pas; il paraît plutôt tenir de la nature des verrues que de celle du cancer.

Ces excroissances fongueuses sur la verge sont souvent confondues avec les maladies des reins ou de la vessie. Quelques gouttes d'un fluide sanguinolent s'échappaient quelquefois avec les urines, d'où l'on conclut que ce sont les reins, la vessie ou le canal de l'urèthre qui sont malades; mais si l'on examine attentivement la verge, en la découvrant du prépuce, on verra les excroissances fongueuses qui fournissent le sang.

Traitement : Enlever avec soin ces excroissances avec un bistouri; détruire complétement les racines; panser ensuite les plaies en les saupoudrant tous les jours avec de l'alun en poudre fine. — Si les excroissances ne sont que de simples verrues, appliquer dessus, tous les jours, une poudre

6

composée de 3 parties de sabine et de 2 parties de sel ammoniac.

XIV

Je vais donner maintenant un certain nombre de formules qui jadis — et de nos jours encore trop souvent — ont joui du plus grand renom.

Telles sont les suivantes :

Bain arsenical de Tessier : acide arsénieux, 1 kil. 500 ; sulfate de fer, 10 kil. ; eau, 94 kil.

On fait bouillir et réduire au tiers ; on remet autant d'eau qu'il s'en est évaporé ; on laisse bouillir un instant encore, on retire et l'on verse dans une cuve.

Pour 100 moutons.

La durée du bain est de cinq minutes.

(Réduire les proportions au centième au moins pour un chien.)

Bain phénique de Calvert : Acide phénique, 1; eau, 600. Contre les tiques du mouton.

Bain zinco-arsenical de Clément : acide ars., 1,000; sulfate de zinc, 5,000; eau, 100,000.

Faire dissoudre et employer comme le bain de Tessier (gale du mouton).

Bain de tabac d'Aunand : tabac en feuilles, 375; soufre, 375; eau, 19,000.

Faire une décoction des feuilles de tabac; ajouter le soufre.

La durée du bain est de trois à quatre minutes et l'on en maintient la température aussi élevée que possible. — Ce remède est employé en Australie contre la gale du mouton.

Liniment antipsorique : savon vert et goudron, parties égales.

Liniment antipsorique de Prangé : huile de noix, 500; soufre en fleurs, 80; galle pulvérisée, 30.

Faire tiédir l'huile et ajouter les poudres en agitant continuellement.

On élève la température du liniment jusqu'à 50 à 60° et on frictionne vigoureusement la peau avec un morceau de laine pendant quatre ou cinq minutes. Ensuite, on place le chien dans un bain chaud.

Lotion antipsorique : tabac à fumer, 60; eau, 1,000.

On réduit à 500.

Contre gale récente et poux des chiens, chevaux, etc.

Mixture insecticide de Gille : benzine 10; savon vert, 5; eau commune 85.

Contre poux et dartres du chien.

Dose : 4,000 gr. pour deux fomentations à 24 heures d'intervalle.

Onguent antipsorique de Reynal : goudron, 50; cantharides pulvérisées, 1.

Contre pustules et vésicules cutanées du chien.

Onguent contre le catarrhe auriculaire de

Clément : acétate de plomb, 5 ; térébenthine, 5 ; un jaune d'œuf entier.

Bien laver l'oreille malade ; la sécher ensuite avec un chiffon, du coton et de l'étoupe, et enduire les parties malades en laissant une couche légère à la surface. — Deux pansements par jour jusqu'à guérison.

Pilules d'Eckel : mercure soluble d'Hahnemann, 4 ; calamus pulvérisé, 100 ; soufre doré d'antimoine, 12.

On mêle et l'on fait avec quantité suffisante de genièvre 12 pilules. On administre deux pilules par jour, matin et soir, avant de donner à manger.

Contre maladies chroniques de la peau.

Pommade contre les dartres rouges de Clément : sulfate de zinc, 35 ; cantharides pulvérisées, 15 ; axonge, 50.

On frictionne une partie de la peau et l'on applique sur les plaies vives une couche légère de pommade. On continue ce traitement pendant deux ou trois jours, on laisse suppurer pendant le même temps, puis on renouvelle les frictions et les applications jusqu'à ce que la peau ait perdu de son épaisseur et ne présente plus de rougeur.— On lave ensuite les plaies avec la lotion suivante : acide chlorhydrique, 10 gram.; créosote, 10 gouttes; eau, 100 gram.

Pommade antipsorique d'Helmerick : fleurs de soufre, 10; carbonate de potasse, 5 ; axonge, 35 ; huile d'amandes douces, 5.

Cette pommade qui a fort bien, dit-on, réussi à l'hôpital Saint-Louis, dans le service du Dr Hardy (gale humaine), est souvent employée aujourd'hui contre la gale récente des chiens et des chevaux.

Solution antipsorique, dite *Remède des chasseurs* : vinaigre, 1 litre; sel gris, une poignée; poudre de chasse, 2 coups; fleur de soufre, une poignée; essence de térébenthine, 400 gram.

Ce remède est employé contre la gale récente. Pendant tout le temps du traitement, on doit tenir chaudement l'animal.

Solution de Fowler, d'après l'École d'Alfort, contre gales et dartres rebelles ; acide arsénieux, 5 ; carbonate de potasse, 5 ; eau, 500.

On réduit en poudre l'ac. arsén. et le carb. de pot. ; on fait bouillir dans un vase de verre jusqu'à dissolution complète de l'ac. arsén. ; on laisse refroidir, on filtre et l'on conserve dans un flacon bien bouché.

On ajoute à cette liqueur, au moment de s'en servir : gentiane 4 ; eau, 250. — On fait bouillir vingt minutes la poudre de gentiane dans l'eau ; on ajoute la solution à la liqueur de Fowler et l'on administre au chien à la dose de 10 à 12 gouttes.

Solutum astringent contre le catarrhe auriculaire : vin rouge 200 ; acétate de plomb 10 ; sel gris 50.

Faire dissoudre et filtrer.

On nettoie avec soin les oreilles malades et on les sèche. On penche la tête du chien et l'on fait pénétrer dans les oreilles une

injection. On maintient la tête inclinée
pendant cinq minutes, on vide l'oreille et
l'on recommence quatre ou cinq injections
par jour.

Contre les catarrhes récents on emploie :
camphre 72; alcool à 22° 1000.

Alterner cet alcoolé avec la solution précédente.

Teinture antipsorique de la *Gazette des
Hôpitaux* : cantharides 30; eau-de-vie 500.

XV

Je n'adopte aucun des traitements, aucune des formules que je viens d'énumé-
rer.

Ce n'est pas, certes, pour la vaine et pitoyable satisfaction de proscrire en masse
tout ce qui a été fait jadis...

Personne plus que moi ne rend justice
au passé, et si je l'attaque, c'est uniquement
parcette raison péremptoire qu'il ne me

paraît pas répondre aux besoins du présent.

Autrefois et aujourd'hui ne se ressemblent pas. Autrefois, le tempérament du chien était sanguin (1) ; aujourd'hui, il est essentiellement lymphatique et nerveux (en général) : l'homme a déteint sur le chien, son fidèle, son trop fidèle compagnon.

Or, si le tempérament du chien a, pour ainsi dire, changé du tout au tout, si ce tempérament est devenu lymphatico-nerveux de bilioso-nervoso-sanguin qu'il était, comment admettre que les médicaments anciens, ou, pour parler plus exactement, que les formules anciennes — quelque salutaires qu'elles aient été naguère — puissent

---

(1) Des expériences d'Andral, Gavarret, Delafond, etc., il résulterait que le chien a, de tous les animaux, le plus de globules sanguins et le moins de fibrine, d'albumine et d'eau ; partant le sang du chien serait le plus riche... Mais est-ce bien ainsi que la richesse du sang devrait se mesurer?... Je reviendrai ailleurs sur ce sujet.

s'appliquer heureusement aux maladies et aux malades d'aujourd'hui?

Qu'on ait autrefois recouru très-heureusement à la saignée, au séton, aux purgatifs, aux vomitifs, etc., je n'en doute pas et les maîtres de ce temps-là ont fait sagement d'y recourir; ils avaient affaire à des tempéraments et à des constitutions capables d'affronter tous les bouleversements causés par les vomitifs, purgatifs, saignées et sétons, de tolérer toutes les *énergies* du mercure, de l'arsenic et autres substances analogues. — Mais aujourd'hui est-il possible de persévérer dans cette voie, lorsque les constitutions sont si souvent débiles et les tempéraments presque toujours très-faibles? Evidemment, non. La force réactionnelle (vitale) des sujets est, relativement, à cette heure, presque nulle.

Aujourd'hui, que faut-il donc?

Il faut, non pas dédaigner les vieux médicaments, mais dédaigner les vieilles for-

mulés ; il faut dépouiller les substances de
leur énergie *brutale* et augmenter leur activité médicatrice (1) ; il faut que le médicament administré enraye le mal promptement, en quelquesorte électriquement, mais
en respectant les organes avec lesquels il
entre en contact ; il faut enfin que le médicament, doué — pour ainsi parler — d'in-
telligence, aille là où il est réclamé, y agisse,
mais qu'il n'aille et n'agisse que là.

Tel est, ou du moins tel me paraît être le
problème.

XVI

Les affections cutanées du chien sont nom-

(1) L'activité médicatrice d'une substance est en
raison *inverse* — et non pas directe, comme on le
croit trop généralement — de son énergie physique,
chimique ou mécanique. Plus le médicament est dé-
pouillé de cette énergie brutale, sauvage, primitive,
plus il est actif ; on peut, par suite, doubler, tripler,
décupler l'activité d'un médicament ; le Cynophile,
l'Anti-paludéen, etc., ont, je pense, mis ce fait hors
de doute pour les éleveurs de chiens.

breuses, si l'on envisage tous les symptômes qu'elles présentent et si l'on considère chacun de ces symptômes comme une affection particulière; elles sont, au contraire, en assez petit nombre, si l'on n'envisage que les causes dont elles émanent.

Comme je l'ai déjà fait pour *la maladie des chiens* (tome Ier), je ne tiens compte des symptômes offerts dans leurs affections cutanées, qu'autant qu'ils peuvent m'éclairer sur la *cause* de ces affections.

Le symptôme en lui-même n'est rien; la cause est tout.

Je m'attache à la cause. La cause seule différencie les affections morbides, et, par suite, doit différencier le mode de traitement.

XVII

Les affections cutanées du chien reconnaissent dix causes principales; ce sont :

1° *La maladie* (distemper) négligée;

2° *La maladie* traitée par les procédés anciens ;

3° L'infection mercurielle ou arsenicale ;

4° La diathèse scrofuleuse ;

5° L'inoculation de la morve du cheval ;

6° L'inoculation du virus syphilitique ;

7° La faiblesse congéniale et la faiblesse
acquise ;

8° La vieillesse ;

9° La présence d'un parasite interne ;

10° La présence d'un parasite externe.

XVIII

Une dizaine de médicaments suffisent, en
général, à combattre efficacement toutes les
affections cutanées du chien ; ce sont :

Le Cynophile, — l'Anti-paludéen, n° 1 ;
— l'Anti-vers, — l'Anti-tænia, — l'Anti-
scrofule, — l'Anti-anémie, — l'Eau anti-
mercurielle, — le Dépuratif, — le Liniment
anti-gale (1).

(1) Voyez à la fin du volume le *tarif* de ces différentes préparations, les conditions d'envoi, etc.

XIX

Le choix du médicament ou des médicaments à employer est indiqué par la cause même de la maladie. C'est donc à la recherche de la cause qu'il faut, avant tout, s'appliquer.

1re CAUSE. *La maladie* (distemper) *négligée* (1).

Si l'animal n'a pas eu *la maladie*, — ou bien s'il en a eu antérieurement une ou plusieurs attaques et qu'il n'en ait pas été soigné ; si, depuis les attaques, la santé générale a paru se raffermir, tandis que la santé locale (la peau) a paru, au contraire, se détériorer de plus en plus, c'est à *la maladie*, mais à la maladie *dénaturée* (par l'é-

(1) Cette cause et la suivante sont, comme je l'ai dit, t. Ier, p. 63, les plus fréquentes des affections cutanées du chien.

volution ou le développement de la larve encéphalique), qu'on a affaire.

Dans ce cas, on doit recourir, soit au Cynophile, soit à l'Anti-paludéen n° 1.

On recourt au Cynophile dans les contrées non marécageuses, et à l'Anti-paludéen n° 1 dans les contrées marécageuses ou voisines d'une forêt (quelle que soit l'altitude), et encore dans les quartiers des villes ou bourgades où des fouilles considérables ont été depuis moins de quatre ans pratiquées.

Cynophile ou Anti-paludéen n° 1 : 6 à 10 gouttes par jour dans la boisson (2 verres d'eau), ou dans une cuillerée à bouche d'eau pure, — jusqu'à mieux accentué et confirmé.

Une onction par jour avec le Liniment anti-gale sur tous les points malades de la surface cutanée.

En outre, administrer chaque jour, deux heures avant ou après le repas, une cuillerée à bouche d'olive.

Tel est le mode de traitement général qui devra être adopté (1).

La durée de la guérison sera, ordinairement, d'un mois. Elle se fait d'autant plus attendre que le mal a été plus longtemps négligé. Plus, en effet, on a tardé à donner à un animal les soins que réclamait son état, plus la viciation des fluides est complète, étendue ; or, comme la guérison n'a lieu que quand tous les fluides viciés ont été éliminés ou modifiés, plus il y aura de ces fluides à éliminer ou à modifier, moins la guérison sera rapide (2).

(1) Il m'est impossible, on le comprendra, d'entrer dans tous les détails de chaque question ; je ne puis guère m'arrêter qu'au général, au gros des choses. Si, dans l'application, quelque éleveur se trouvait embarrassé, qu'il m'en donne promptement avis, et je le renseignerai promptement — et gratuitement.

(2) Souvent la peau se guérit en dix ou douze jours ; mais l'état de la peau est, à mes yeux, chose secondaire, malgré son importance. Ce qui est quelque chose, c'est la *cause* d'où procède l'affection de la peau. Tant que cette cause n'est pas détruite, les rechutes sont presque infaillibles...

2ᵉ Cause. *La maladie traitée par les procédés ordinaires.*

A la suite du traitement de *la maladie* par les purgatifs, vomitifs, sétons, saignées, etc., il n'est pas rare de voir la peau d'un animal se flétrir, se crevasser, les poils tomber, etc. Heureux encore le propriétaire de l'animal, si celui-ci n'est que galeux et n'a pas, en outre, quelque chorée, (danse de Saint-Guy) plus ou moins générale et plus ou moins intense !

Si, en outre de l'affection cutanée, on n'a pas à combattre une danse de Saint-Guy (1), on procédera ainsi :

1° Tous les matins à jeun, une cuillerée à bouche d'huile d'olive ;

2° Tous les jours, Cynophile ou Anti-

(1) Les tics, les spasmes rentrent, comme la danse de Saint-Guy, dans le domaine de la chorée. Ce sont des chorées en miniature, mais parfois fort dangereuses.

7

paludéen (suivant les contrées), 8 gouttes dans boisson (2 verres d'eau) ou dans les aliments ;

3° Vers le soir, 2 heures avant le repas, une seconde cuillerée à bouche d'huile d'olive ;

4° Liniment anti-gale, une onction par jour sur tous les points malades de la peau.

Si l'animal est affecté de chorée, on substituera au Cynophile ou à l'Anti-paludéen l'Anti-chorée, 5 gouttes dans boisson, de deux jours l'un seulement, c'est-à-dire qu'on alternera Anti-chorée et Cynophile ou Anti-paludéen ; un jour l'un, un jour l'autre. — Si les crises choréiques étaient fréquentes et violentes, il ne faudrait pas hésiter à donner de temps à autre dans le cours de la journée deux ou trois doses de 5 gouttes dans une cuillerée à bouche d'eau pure (1), l'Anti-

(1) J'ai expérimenté l'Anti-chorée sur une vingtaine de chiens et j'ai obtenu des résultats généralement satisfaisants. Un de ces chiens surtout, *Dear* (

chorée n'étant aucunement toxique, comme le sont toutes les préparations qui visent au même but que lui.

3ᵉ CAUSE. *Infection mercurielle ou arsénicale.*

Si l'animal, affecté d'une maladie de peau, a subi un traitement mercuriel ou un traitement arsenical, il est extrêmement probable que sa maladie de peau a pour cause principale le traitement subi.

Avant tout, il faut tenter de neutraliser le mercure ou l'arsenic qui a pu demeurer dans l'économie.

A cet effet, on procédera ainsi :

1° Soumettre d'abord le malade, pendant

M. Desaux, chef du cabinet du ministre de la marine), traité antérieurement par le sirop de nerprun, etc., avait une chorée des mieux caractérisées et des plus curieuses à étudier. Pour mieux suivre la marche de l'affection, je demandai et obtins l'autorisation d'emporter le chien chez moi. Peu de jours après, la petite bête était hors de danger et je la rendais un mois plus tard, n'ayant plus qu'une faiblesse dans la patte droite de l'arrière-train et dans la patte gauche de l'avant-train.

12 à 15 jours, à des lotions à l'Eau anti-
mercurielle sur les points dénudés ou envahis par le mal. Deux lotions par jour.

2° Saupoudrer les aliments avec une cuillerée à café de magnésie calcinée, ou de craie
en poudre, ou une demi-cuillerée à café
d'hydrate de peroxyde de fer, si l'empoisonnement est arsenical ; et s'il est mercuriel,
verser, en outre de la magnésie calcinée, mais
tous les deux jours seulement, une cuillerée à
café d'eau anti-mercurielle dans les aliments.

Si les paupières sont tuméfiées ou dénu-
dées, il ne faudra pas se faire faute de les
lotionner, au contraire ; mais on devra veil-
ler à ce qu'il entre dans l'œil le moins possible de lotion.

Dans le cas où l'on n'aurait pu éviter ce
résultat, on combattra l'irritation produite,
soit avec l'huile d'olives, soit avec l'eau de
roses. Verser quelques gouttes d'huile ou
d'eau de roses sur le milieu de l'œil deux
fois par jour.

Du reste, l'irritation oculaire produite par la lotion n'a rien de sérieusement dangereux pour la vue des malades. Le plus souvent, elle disparaît d'elle-même après quelques jours.

Après ce traitement préliminaire de 12 à 15 jours, on devra recourir au Liniment anti-gale et au Dépuratif.

1° Dépuratif : tous les jours, 3 à 6 gouttes dans boisson (2 verres d'eau) ou, si l'animal boit très-peu, dans une cuill. à bouche d'eau pure qu'on fera avaler ;

2° Liniment anti-gale : Tous les jours, deux onctions sur tous les points affectés. — Si le mal s'étendait à toute la surface du corps, il faudrait bien se garder d'oindre toute cette surface en même temps (il y aurait danger d'asphyxie pour le malade) ; on devra ne pratiquer les onctions que sur *un tiers* de la surface à la fois ; dans ce cas, trois onctions par jour, c'est-à-dire une seule divisée en trois séances.

La durée du traitement est impossible à déterminer. Elle sera, en raison de la quantité de substance toxique demeurée dans l'économie du sujet et du degré de viciation des fluides.

4ᵉ CAUSE. Diathèse scrofuleuse.

L'état scrofuleux (*gale organique* des auteurs) a pour principales causes : la consanguinité ; un traitement mercuriel ou arsenical subi par les auteurs du sujet ; un séjour prolongé dans des lieux humides, mal éclairés, mal aérés ; une mauvaise alimentation ; des boissons absolument dépourvues des principes excitants (fer, iode surtout), etc.

J'ai réussi parfois (assez rarement, il est vrai) à guérir des sujets scrofuleux ; mais je crois qu'il ne serait que sage de ne pas chercher à les guérir — c'est-à-dire de le *supprimer* purement et simplement. Parti héroïque sans doute, mais nécessaire : Un chien scrofuleux ne produira jamais que des

bêtes malsaines et incapables d'aucun service sérieux ; lui-même ne sera jamais propre à grand'chose.

Certes, je comprends aussi bien que personne l'attachement qu'on peut porter à
un pauvre animal, fût-il scrofuleux jusqu'en ses dernières fibres ; mais, en présence des inconvénients graves que son existence peut avoir, le *rude* conseil que je
donne est bon.

Au reste, je ne parle là que des grands
chiens, des chiens *de service*.

Je n'ai point en vue les chiens *d'agrément*.
Comme on est à peu près sûr que ces chiens
ne se reproduiront pas *sine consensu domini*,
on peut, à leur égard, se départir complète-
ment de la sévérité qu'on aurait pour d'autres.

Traitement général des affections cutanées résultant de scrofule :

1° Anti-scrofule; 6 gouttes tous les deux
jours dans boisson (2 verres d'eau) ou dans
une cuill. à bouche d'eau ;

2° Dépuratif, 6 gouttes, tous les deux jours dans *id ;*

Alterner Anti-scrofule et Dépuratif; un jour l'un, un jour l'autre ;

3o Liniment anti-gale, deux onctions par jour;

o Tous les jours, donner une cuillerée à bouche d'huile d'olive, deux heures avant le repas du soir.

Si les auteurs du sujet avaient subi quelque traitement mercuriel ou arsenical, il serait bon de soumettre, avant tout, le malade au traitement anti-mercuriel ou anti-arsenical indiqué précédemment.

Si le sujet rendait des vers longs et ronds, il faudrait, de temps en temps, administrer l'Anti-vers; s'il rendait des vers courts et plats ou des *rubans*, il faudrait administrer l'Anti-tænia. Le jour où l'un de ces deux médicaments serait administré, on ne donnerait pas de Dépuratif.

La durée du traitement ne saurait être précisée.

5ᵉ CAUSE. *Inoculation de la morve du cheval.*

Les chiens qui ont l'habitude de sauter au visage des chevaux ou de le leur lécher, — ceux qu'on nourrit à la viande de cheval crue, peuvent contracter la morve.

Lorsqu'ils ne succombent pas plus ou moins rapidement à une morve aiguë, ils vont s'étiolant, leur peau se dénude, les fluides intérieurs se corrompent... Tableau pitoyable !

Si l'on tient beaucoup à sa bête, on peut essayer du traitement suivant :

1o Dépuratif, 10 gouttes par jour dans boisson (2 verres d'eau) ou dans une cuillerée à bouche d'eau pure ;

2o Liniment anti-gale, une onction par jour ;

3o Tous les deux jours, grand bain de

5 minutes à l'eau zinguée (1). Envelopper ensuite l'animal dans une couverture de laine ou mieux, si possible, dans la peau, chaude encore, d'un mouton récemment tué (la surface laineuse au dehors, la surface sanguinolente sur la peau du chien).

Je ne préconise pas ce traitement ; je *l'indique*. — Le mieux serait de *supprimer* le malade ; en tout cas, on devra l'isoler complétement des autres animaux, et surtout des enfants.

6° CAUSE. *Inoculation du virus syphilitique.*

Mon devoir consiste, on le comprendra, à n'omettre rien, volontairement, de ce qui se rattache à mon sujet.

La syphilis se rencontre chez le chien, mais elle y est rare. Il est honteux pour l'homme qu'elle n'y soit pas plus rare encore...

Le contact direct avec l'homme, il est

(1) Eau tiède, 2 litres ; sulfate de zinc, 10 grammes.

vrai — et ce nous est une consolation de le
penser — n'est pas indispensable pour que
l'animal soit contaminé ; il suffit que l'animal ait léché ou touché par une muqueuse
quelconque un linge maculé, un vêtement
souillé, etc.

La peau du chien syphilitique n'est pas toujours atteinte ; mais lorsqu'elle l'est, on y remarque à peu près les mêmes symptômes que
dans la scrofule : ulcérations, chancres,
boursouflures, taches d'un jaune plus ou
moins foncé, etc. — On pourrait confondre
les deux causes de ces affections cutanées si,
dans la scrofule, l'inoculation du pus (ichor)
avait des résultats positifs comme celle du
pus cutané dans la syphilis ; mais rien de
tel : l'ichor de la scrofule inoculé donne
naissance à un bobo tout local ; celui de la
syphilis, au contraire, donne lieu à tous les
accidents syphilitiques ; on ne saurait se
méprendre.

Cette maladie de peau n'est pas, généra-

lement, incurable — et, sous certains rapports, il est bien préférable d'avoir à la
combattre au lieu et place de la maladie de
peau scrofuleuse, — mais elle peut résister
fort longtemps à tout traitement.

Voici le mien :

1° Deux ou trois lotions par jour à l'eau
anti-mercurielle sur les points affectés. Pendant 15 jours.

2° Anti-syphilis, 6 gouttes par jour dans
boisson ou dans une cuillerée à bouche d'eau
pure. Pendant 15 jours.

Après ces 15 jours de traitement préliminaire :

1° Liniment anti-gale, une ou deux onctions par jour ;

2° Dépuratif, 6 gouttes par jour dans
boisson ou dans une cuillerée à bouche
d'eau pure.

Tous les jours, donner une cuillerée à
bouche d'huile d'olive, une ou deux heures
avant le repas du soir, et saupoudrer les ali-

ments avec une cuillerée à café de magnésie calcinée.

Il va de soi que l'animal doit être *isolé.*
Prendre surtout garde aux enfants.

7e CAUSE. — *Faiblesse congéniale,*
faiblesse acquise.

La plupart des éleveurs croient avoir fait
irréprochablement les choses, lorsqu'à une
lice superbe ils ont donné un étalon splen-
dide; ils se figurent que les produits de ces
deux bêtes seront nécessairement incompa-
rables sous tous les rapports...

Hélas! non, fort souvent.

Si la lice et l'étalon — ou simplement
l'un ou l'autre — ont subi dans leur jeune
âge, ou plus tard, un traitement mercuriel,
arsenical, etc. (chose dont l'éleveur ne se
préoccupe guère), il y a cent chances contre
une pour que les produits de ces deux animaux ne soient aucunement les dignes re-

présentants de leurs auteurs; il y aura chez eux faiblesse congéniale, laquelle, le plus ordinairement, se traduira par une maladie de peau.

La faiblesse acquise — celle qui résulte d'un appauvrissement du sang, de la viciation des fluides, par une cause quelconque (traitement mercuriel ou arsenical, mauvaise nourriture, influences météorologiques, etc., etc.) — peut aussi, et non moins que la faiblese congéniale, donner lieu à une affection cutanée.

Traitement général :

Si les auteurs du malade ont subi un traitement mercuriel ou arsenical, si le malade en a subi un lui-même directement, il faut le soumettre au traitement anti-mercuriel dont il a été précédemment parlé.

Dans le cas contraire, on devra procéder ainsi :

1° Anti-anémie, 6 gouttes par jour dans

boisson ou dans une cuillerée à bouche
d'eau pure;

2° Liniment anti-gale, une ou deux onctions par jour;

3° Une cuillerée à bouche d'huile d'olive,
deux heures avant le repas du soir.

Lorsque le malade aura pris de l'anti-
anémie pendant huit jours, on cessera d'administrer ce médicament pour y substituer
le Dépuratif (mêmes doses, même mode
d'administration) pendant huit jours; puis
on reviendra à l'anti-Anémie, etc.; alterner
toujours ainsi jusqu'à guérison radicale.

La guérison ne demandera pas, généralement, plus de quinze jours à trois semaines;
cependant elle pourra aussi parfois exiger
beaucoup plus de temps. Je le répète, la
durée de la guérison d'une affection cutanée dépend absolument de l'étendue des
désordres internes; il est, par conséquent,
impossible de rien préciser là-dessus sans
témérité grande. J'ai vu des chiens que,

d'après les symptômes qu'ils m'offraient, je ne croyais pas guérir avant deux mois, trois mois même, et qui revenaient à la plus parfaite santé en quinze jours et trois semaines; j'en ai rencontré d'autres, au contraire, qui me semblaient *relativement* assez peu malades, et qui me résistaient des mois entiers. — Pour résumer, lorsqu'on a une affection cutanée à traiter, il faut faire provision de patience.

8° CAUSE. — *Vieillesse.*

Qu'est-ce que la vieillesse (1)?

Je ne répondrai pas avec Buffon, robuste de corps et vigoureux d'esprit, à 70 ans : « C'est un préjugé! » — A son égard, le mot était juste peut-être ; au nôtre, le serait-il? Pour ceux d'entre nous qui ont vu tomber l'un après l'autre, martyrs de la vieillesse,

(1) Voir aussi A. Benion, *les Races canines,* p. 99 et suiv.

et d'une vieillesse souvent prématurée, les êtres qu'ils aimaient, la vieillesse est-elle un préjugé? C'est un fait, hélas! un fait des plus cruels, des plus impitoyables, et malheureusement des plus certains...

Scientifiquement, à quel âge un chien doit-il être considéré comme *vieux*?

Je m'aiderai dans cette recherche des idées de Buffon lui-même, et surtout de celles de Pierre Flourens, l'un de nos maîtres vénérés.

Buffon avait dit : «La durée totale de la vie peut se mesurer, en quelque façon, par celle du temps de l'accroissement...» Mais «ce temps de l'accroissement» Buffon ne l'avait pas suffisamment précisé. Il était réservé à Flourens de donner un *signe* auquel on reconnût ce temps de l'accroissement.

Ce signe est la réunion des os à leurs épiphyses (1).

(1) Les épiphyses sont des éminences osseuses qu'un cartilage unit d'abord et seulement au corps de

8

Tant que les os et leurs épiphyses ne se sont pas soudés ensemble, l'animal croît; la soudure a-t-elle eu lieu, l'accroissement de l'animal s'arrête.

Ainsi l'homme met 20 ans à croître, et c'est à 20 ans, chez lui, que les épiphyses se réunissent; le chameau met 8 ans, le cheval 5, le bœuf et le lion 4, le chat 18 mois, le lapin 12, le cochon d'Inde 7, l'éléphant (probablement) 40 ans; enfin le chien met 2 ans, et tels sont les âges où, chez ces divers animaux, la réunion des os aux épiphyses est accomplie.

En partant de cette donnée, on arrive aisément à la détermination de la durée de *vie normale* et à celle de la durée de *vie extrême* chez tous les êtres. On sait, en effet, par l'histoire, par des faits contemporains, que l'homme peut atteindre, normalement,

l'os; plus tard, avec les progrès de l'ossification, les épiphyses deviennent des apophyses et forment *les éminences naturelles* des os.

90 à 100 ans, le chameau 50 ans, le cheval 25 ans, le bœuf 16 à 20, etc.; or ces chiffres représentent cinq fois le temps de l'accroissement, donc la durée de vie normale est cinq fois le temps de l'accroissement.

Pour déterminer la durée de vie extrême, l'histoire vient encore à notre secours. Haller cite deux faits authentiques de vie extrême chez l'homme : l'un de 152 ans, l'autre de 169. Il y en a bien d'autres. Buffon parle d'un cheval qui, né en 1724, ne mourut qu'en 1774, c'est-à-dire à l'âge de 50 ans. D'après Aristote, le chameau qui vit 30 ans, peut vivre jusqu'à 100 ans. Des chats ont vécu 18 et 20 ans, et des chiens 20, 23 et 24 ans.

On conclut de là c'est que la durée de vie extrême est précisément le double de la durée de vie normale.

Si donc la durée de vie normale, chez l'homme, est de 90 à 100 ans, la durée de vie extrême sera de 180 à 200 ans; si, pour le chien, la durée de vie normale est 10 à 12 ans, la durée de vie extrême sera 20 à 24 ans, etc. (1).

(1) Malgré tout mon profond respect pour l'illustre physiologiste, je crois utile d'apporter quelque modification à son système. — Flourens, par sa belle découverte de la réunion des os à leurs épiphyses, n'établit que la durée du développement matériel *externe*, pour ainsi dire, des êtres. Il laisse de côté la durée du développement matériel *interne*. Quelle est cette durée? Pour l'homme, elle est juste la *moitié* de la durée du développement matériel externe, c'est-à-dire 10 ans; c'est, en effet, à 30 ans que le développement matériel interne (la virilité) est complet chez l'homme. — Ce fait, au premier abord si indifférent, est des plus importants pour nous, éleveurs ou amateurs de chiens. — J'ai déjà signalé ailleurs quelques-unes des causes de la dégénérescence de nos races canines (*maladie* négligée ou mal soignée, régime irrationnel, etc.), mais ces causes de dégénérescence ne sont rien au prix de celle dont je tiens à parler ici : cette cause est l'*accouplement anticipé* de nos bêtes.

Le développement matériel *externe* du chien est complet à 2 ans; mais son développement matériel *interne* (virilité) exige, comme chez l'homme, la moitié de la durée du développement matériel externe, c'est-à-dire 1 an. Donc, le chien n'est complet,

Mais, comme le dit tristement Flourens, « ce grand *fonds de vie*, la science nous l'offre plus en puissance qu'en acte, *plus in posse quàm in actu,* » — et, si l'on voit rarement l'homme parcourir toute la vie normale (à plus forte raison toute la vie extrême), que la nature lui avait libéralement octroyée pourtant, on ne voit guère plus fréquemment le chien atteindre les dernières limites de sa vie extrême. Un chien de 20 à 24 ans est presque un phénomène.

Au temps d'Homère ou d'Ulysse — pour revenir à l'épisode de l'*Odyssée*, cité au début de ce petit livre — 20 ans ne devaient pas être un âge absolument infranchissable. — Est-ce à dire que certaines infirmités,

---

n'est réellement un bon étalon, un bon reproducteur, qu'à *trois ans accomplis*. La lice doit avoir *au delà de deux ans...* (Je reviendrai sur cette grave question dans le tome VI, *Hygiène et Médecine du chien*, qui sera publié après celui-ci.).

les infirmités inhérentes à la vieillesse, ne pouvaient, à cet âge, envahir le chien du roi d'Ithaque, le bel Argos?

Au contraire, ces infirmités devaient le frapper plutôt qu'un autre, même de son âge, mais placé dans un milieu différent, meilleur.

La vieillesse a besoin de soins, de grands soins. Or, Argos n'en recevait pas : il était, dit Homère, « *couché sans soins* sur l'amas de fumier qu'on répand devant les portes; des femmes insouciantes *le laissaient là sans soins.* »

Que devait-il s'ensuivre? Une invasion du malheureux chien par la vermine : « Argos gît honteusement; *la vermine le dévore.* »

La vermine paralyse les fonctions de la peau; par suite, il y a refoulement des fluides à l'intérieur. Or, tout refoulement de fluides à l'intérieur détermine la viciation de ceux-ci.

Une autre cause encore avait très-proba-

blement hâté et aggravé le déplorable état
de santé dans lequel Ulysse retrouva son excellent chien : « Chaque jour, dit Télémaque
(Odyss., ch. 2), les prétendants envahissent
ma demeure, sacrifient mes bœufs, mes
brebis, mes chèvres succulentes, les dévo-
rent gratuitement, boivent mon vin géné-
reux, et consument toutes choses avec pro-
fusion... » Est-il vraisemblable qu'Argos
n'eût pas sa part — part trop abondante
quelquefois — de toutes ces viandes dont se
gorgeaient les prétendants de Pénélope? Les
prétendants avaient beau posséder des esto-
macs à la Garguanta, ils ne pouvaient pas
tout engloutir...

Ainsi, d'un côté, absence de propreté;
d'un autre, abondance de nourriture animale et défaut d'exercice; enfin, âge avancé
d'Argos : une seule de ces causes eût suffi
pour déterminer l'affection cutanée du
pauvre chien.

Sa vie, néanmoins, eût-elle pu être pro-

longée? Et sa maladie de peau, spécialement, eût-on pu l'en guérir?

Je pense qu'il n'est pas téméraire de répondre à ces deux questions par l'affirma-
tive. L'âge avancé, la vieillesse d'un sujet
n'est pas toujours une cause *immédiate* de
mort et un sujet de constitution robuste,
comme Argos, peut longtemps échapper au
trépas. Quelques précautions suffisent. Avec
de certaines précautions, on a vu — dans
l'espèce humaine — des hommes chétifs,
débiles (Cornaro, Fontenelle, entre autres,
et, de nos jours, M. de Waldeck, qui vit
encore et qui compte au delà de 100 ans)
prolonger leur vie fort au delà de la
moyenne, atteinte par les plus robustes (1)...

Si Argos était un chien contemporain, et

(1) Nouvelle preuve à l'appui du système de
Buffon et de Flourens. — Outre la vie *patente*, tout
être possède une vie *latente*, sorte de fonds de réserve.
Il s'agit, pour vivre ou faire vivre un individu longtemps — *toute sa vie* — de rendre patente sa vie latente, quand la première est épuisée...

qu'il me fût permis de lui venir en aide,
voici comme je procéderais à son égard :

1° Deux bains de propreté par jour, de
dix minutes chacun, à l'eau de savon. Peigner et brosser légèrement ensuite, puis
envelopper l'animal dans une couverture de
laine ou dans la peau chaude d'un mouton
fraîchement tué.

2° Trois onctions par jour avec le liniment anti-gale, chaque onction embrassant
à la fois un tiers du corps seulement. —
Mettre environ deux heures d'intervalle
entre les bains et les onctions.

3° Dans la boisson (2 verres d'eau), — ou,
si l'animal buvait peu, dans une cuiller à
bouche d'eau pure, qu'on ferait prendre, —
mettre 6 gouttes d'Anti-anémie ou de Dépuratif. Alterner un jour l'un, un jour
l'autre.

4° Deux repas par jour, l'un vers onze
heures du matin, l'autre vers six heures du
soir, composés de viande hachée et de pain

(la viande tantôt crue, tantôt cuite; le pain légèrement trempé). — De temps à autre, mettre un jaune d'œuf dans cette pâtée, ou une cuillerée à bouche d'huile d'olive.

5° Promenades fréquentes, jamais fatigantes.

Deux mois de ce traitement eussent suffi, je crois, pour rendre au vieil Argos, non pas, hélas! sa brillante jeunesse, mais pour lui permettre de donner à son maître, le roi Ulysse, quelques caresses de plus...

Des caresses! il ne faut pas demander davantage à un bon vieux chien...

9ᵉ CAUSE. — *Invasion d'un parasite interne.*

Raspail a-t-il grandement exagéré les choses en prétendant que la plupart des maladies sont d'origine vermineuse? et, s'il y a exagération dans son assertion, ne se l'explique-t-on pas aisément, lorsqu'on réfléchit que le sang de certains chiens, par exemple, renferme jusqu'à 200,000 filaires microscopiques (Delafond), que le foie, les poumons, l'encéphale, le cœur, etc., de quelques autres chiens sont parfois littéralement envahis et occupés par des larves; que le tænia peut se répandre et s'insinuer par tout le corps et que chacun de ses nombreux articles peut donner naissance à un tænia particulier?

Il ne serait donc pas très-surprenant que Raspail eût à peu près raison.

Mais pourquoi ne se passerait-il pas ici ce qui se passe ailleurs? Pourquoi, à côté des larves nuisibles, n'y aurait-il pas des larves utiles, c'est-à-dire destinées à combattre les larves nuisibles? Pourquoi, dès lors, s'ingénier à détruire les larves du corps, puisque, au lieu de détruire les mauvaises, on peut fort bien détruire les bonnes, nos vermifuges ne choisissant pas entre elles et frappant à tort et à travers?

Cette objection m'a été faite, et, je l'avouerai, après en avoir souri d'abord, je l'ai prise ensuite en sérieuse considération. Mais bientôt je me suis dit :

Il est possible, en effet, qu'il y ait des larves utiles, utiles parce qu'elles combattent d'autres larves et leur font échec; mais cette utilité n'est que relative, comme l'utilité de la mésange, du pinson, du moineau, de la musaraigne, du crapaud, qui détruisent chenilles, limaces, etc., mais qui détériorent aussi et ravagent nos jardins et nos moissons. N'est-il pas préférable, si l'on peut, d'envelopper dans la même réprobation et de frapper du même coup larves utiles et larves nuisibles? Evidemment. Une larve, quelle que soit son utilité, ne peut pas, à un moment donné, ne pas causer quelque dommage (comme le moineau), tracasser plus ou moins l'économie (comme la mésange les bourgeons de nos arbres)... Donc, il vaut mieux, si possible, *supprimer* les unes et les autres.

Or, c'est chose tout à fait possible. Avec trois médicaments, le Cynophile, l'Anti-vers et l'Anti-tœnia, on peut détruire tous les vers de l'économie canine.

Par suite, toutes les affections cutanées qui ont pour cause une larve sont nécessairement et du même coup guéries.

Pour bien choisir entre les trois médicaments ci-dessus, il faut tout d'abord chercher à connaître le genre de larve auquel on a affaire.

Si l'animal atteint d'affection cutanée a moins de trois ans, — si, ayant plus ou moins de trois ans, il n'a pas eu *la maladie*, — s'il en a été mal soigné, c'est à-dire s'il a été traité par les moyens en vogue, — il est infiniment probable que c'est la larve encéphalique (cause de *la maladie*), mais dévoyée, peut-être transformée, — d'où résulte tout le mal présent. En conséquence, c'est au *Cynophile* qu'il faudra s'adresser : Donner 6 gouttes par jour dans boisson; en outre, faire deux onctions par jour avec le *Liniment anti-gale.*

Si l'animal éprouve des démangeaisons à l'anus ou au nez, — s'il rend des vers longs et ronds, — s'il en rend qui aient l'apparence de filaments sans consistance, — si les déjections sont irrégulières, rares ou excessives, chargées de viscosités, — si le ventre est dur, tendu, — s'il se produit des spasmes plus ou moins fréquemment, — il faut recourir à l'*Anti-vers* (une Instruction spéciale indique son mode d'emploi). — Deux onctions par jour avec le *Liniment.*

Si l'animal rend des vers courts, plats, blanchâtres, s'allongeant et se repliant tour à tour en marchant (1), ou bien des débris

(1) Ces petits vers auxquels Clater n'attache aucune importance — sans doute parce qu'ils sont « facilement détruits, » dit-il, — en ont, au contraire, une très-haute à mes yeux. D'abord, ces petits vers *de rien* peuvent se rencontrer au nombre de quelques milliers dans un chien, et il est vraisemblable que l'animal n'en est pas plus à l'aise ; — ensuite, ils dénon-

de *rubans*, — si la faim est insatiable parfois et parfois nulle, — si l'animal passe, sans cause appréciable, de la plus extrême tristesse à la plus extrême gaîté,—l'*Anti-tænia* devra être préféré (Instruction spéciale). — Toujours deux onctions avec le *Liniment*.

La guérison des affections cutanées ressortissant à cette catégorie (parasites internes) est très-généralement prompte. Cependant elle se fait, par exception, attendre quelquefois assez longtemps. — Tout dépend de la quantité de vers à détruire ou expulser, du siége qu'ils occupent dans le corps, et de la viciation de fluides déterminée par eux.

cent presque toujours la présence du tænia. —.Cette présence simultanée du petit ver blanc et du tænia m'a fait croire, peut-être à tort (je n'ai pas le temps d'approfondir cette question, mais je persiste dans mon opinion première, toutefois), que le ver blanc court et plat du chien n'est qu'un anneau ou article détaché du grand tænia. A l'anatomie micrographique de dire le dernier mot là-dessus.

10ᵉ CAUSE. — *Invasion d'un parasite externe.*

Les extraits donnés précédemment des ouvrages de Hertwig, de Delabère-Blaine, de M. Gobin, me dispenseront d'entrer ici dans l'examen des divers parasites externes du chien. Je n'ai, d'ailleurs, rien d'important à ajouter à leurs descriptions.

Quant aux traitements qu'ils indiquent, je les rejette à peu près tous et à peu près complétement, parce que je les crois, en général, nuisibles, — nuisibles, soit dans le présent, soit dans l'avenir.

Je n'accepte pas davantage les traitements préconisés par Clater, par MM. Mariot-Didieux, le baron de Lage de Chaillou, A. Bénion, etc., etc., quoique dans ces traitements tout ne soit pas, certes, à dédaigner.

Je préfère ceux dont je vais parler, — non pas que je les tienne pour *infaillibles* (il n'y a rien d'infaillible en ce monde), mais parce que le plus souvent (80 fois au moins sur 100) ils ont une efficacité réelle et ne présentent, d'ailleurs, aucun danger pour le malade.

Contre l'*acare de la gale :*

1º Tous les jours, deux onctions avec le *Liniment anti-gale ;*

2º Tous les jours, toucher légèrement, au moyen d'un pinceau, les points envahis, avec l'alcool camphré de Raspail ;

3º Pendant les dix premiers jours du traitement, donner 6 gouttes de *Dépuratif* dans boisson, tous les jours ;

4º Ces dix jours écoulés, donner *Anti-anémie*, 6 gouttes dans boisson, — tous les deux jours ;

5º Nourriture plutôt végétale qu'animale. Soupes avec eau de vaisselle ;

6º Promenades fréquentes, mais non fatigantes, en plein air.

Contre *gale rouge, rouvieux, rogne :*

Même traitement. En outre, tous les deux

9

jours une ou deux lotions à eau Anti-mercurielle. Une cuillerée à café de magnésie calcinée anglaise dans les aliments.

Contre *puces et poux* :

1° *Liniment anti-gale*, trois onctions par jour, tantôt sur un point, tantôt sur un autre ;

2° Anti-anémie, 6 gouttes par jour dans boisson.

Pendant six à dix jours.

Contre *tiquets* :

Si l'animal est tout à fait envahi par ces insectes, on pourra recourir soit au Liniment anti-gale, soit à l'huile de cade (1), soit à l'huile de pétrole, soit même à la

(1) Je me défie beaucoup de l'huile de cade du commerce et des vétérinaires. Elle est rarement bonne — L'huile de cade, la *vraie*, est produite par la combustion du genévrier oxycèdre, tandis que la *fausse* (la plus usitée) résulte de la distillation du goudron. Le goudron lui-même résulte de la combustion des copeaux, racines, troncs de pins et sapins dont on ne peut plus extraire de térébenthine. On voit par là quelle est la différence entre les deux huiles.

lotion Quin (1). S'il n'en a qu'un petit nombre, il sera préférable de couper avec des ciseaux le corps du parasite et de brûler la partie qui demeurera dans le tissu de la peau avec quelques gouttes d'alcool camphré.

XX

Tel est notre système de traitement. Résumons-le en quelques mots.

Il est fort simple, — quoique plus complet et surtout moins dangereux que les autres, il nous semble (2).

Suivant nous, toute maladie de peau dépend d'une des dix causes principales énumérées ci-devant, — quels que soient les sym-

---

(1) En voici la formule, d'après les *auteurs du nouveau traité des chasses à courre et à tir* : Fleur de soufre, 100 grammes ; chaux vive, 50 grammes ; eau, 1 litre. — La composition de cette lotion ne me paraît pas sans inconvénients.

(2) Moins dangereux en effet, car il ne l'est *pas du tout*.

ptômes, c'est-à-dire quel que soit le mode de
manifestation du mal. Dartres, gale, chancres, etc., sont pour nous des mots, et rien
que des mots, puisque sous ces désignations
diverses on n'accuse qu'*une* viciation plus ou
moins profonde des fluides, sans enseigner
la cause de cette viciation.

Tel chien, sous l'influence du tænia, peut
avoir des chancres, et tel autre, sous la même
influence, peut n'avoir qu'un herpès des
plus anodins. Serait-il logique de faire suivre,
à ces animaux malades de la même cause,
deux traitements différents, sous ce prétexte
fallacieux que le mal revêt en eux deux
formes différentes? Non. C'est bien le même
traitement qu'il faut imposer aux deux malades, et ce traitement ne doit différer que
dans le nombre des doses à administrer, le
dosage, le mode d'administration, etc., toutes choses d'importance assez secondaire, en
définitive.

Donc, l'ensemble de traitements que je

conseille a pour soi, non-seulement la sim-
plicité, mais la logique.

Prétendrais-je insinuer par là qu'ils sont
parfaits? Non pas. Ils sont meilleurs que
les autres, et... c'est tout. Puisse-t-on faire
mieux ! Je le souhaite et l'espère. Quant à
moi, j'ai fait tout ce que j'ai pu, tout ce que
je devais, par conséquent... advienne que
pourra !

XXI

Je n'entrerai pas, comme je l'ai fait au
tome Ier, dans le détail des expériences
faites. Ce serait grossir démesurément et,
je crois, inutilement, ce volume. D'ailleurs,
les instructions générales qu'on vient de
lire, les instructions spéciales qui accom-
pagnent chaque médicament, enfin les instructions toutes particulières que, sur le
désir des éleveurs ou des amateurs, je m'em-
presserai d'envoyer, lorsqu'il en sera besoin, tout me permet d'abréger...

Je me bornerai donc à donner ici les
noms de quelques-uns de nos principaux
maîtres d'équipages, éleveurs ou amateurs,
qui ont bien voulu répéter mes expériences
personnelles et consacrer ainsi les médicaments nouveaux comme antérieurement,
ils ont, par leurs expériences, consacré le
Cynophile.

M. le comte de Lentilhac, château de la
Ferté-Candé (Maine - et - Loire). — Cynophile, anti-paludéen, dépuratif, anti-anémie, etc.

M. le baron Benoist de Laumont, château de Wavrechain, Bouchain (Nord). —
Anti-paludéen, dépuratif, anti-anémie, anti-
jaunisse, etc.

M. C. Breton, procureur impérial, Pro-
vins (Seine-et-Marne). — Anti-anémie, dépuratif, anti - paludéen, liniment anti-
gale, etc.

M. T. Jouve, docteur en droit,

Marseille. — Cynophile, anti-vers, anti-tænia, etc.

M. Bégé, château de Laborde, Cour-Cheverny (Loir-et-Cher). — Anti-épistaxis (saignement de nez); anti-paludéen, etc.

M. le vicomte Émile de la Besge, château de Persac, Lussac (Vienne). — Anti-épistaxis, etc.

M. L. Goyau, vétérinaire en 1er, professeur d'hippologie à l'École militaire de Saint-Cyr. — Anti-jaunisse, etc.

M. Henri Carbonnier, officier de cavalerie, Loberod et Bollerod, Scanie (Suède). — Anti-paludéen, anti-tænia, anti-vers, cynophile, etc.

M. Ed. Hanssens, Trois-Fontaines, Vilvorde (Belgique). — Cynophile, etc.

M. le vicomte R. de Chezelles, château de Frières-Faillouël (Aisne). — Cynophile, anti-paludéen.

M. le marquis de Malterre, château de

Chantepie, Couterne (Orne). — Anti-jaunisse, Cynophile.

Mme MORILLON, château de Simple-Asile,
Mézières-en-Brenne (Indre). — Anti-paludéen, dépuratif, anti-anémie, liniment
anti-gale, etc.

M. le marquis E. DE GOUBERVILLE, Valo-
gnes (Manche). — Cynophile.

M. BENOIST DE LAUMONT, lieutenant-écuyer
à l'Ecole militaire de Saint-Cyr. — Anti-
jaunisse.

M. Léon BARRÉ, lieutenant de louveterie,
Issoudun (Indre). — Cynophile, anti-anémie, etc.

. . . .

. . . .

XXII.

J'ai reçu, depuis que le Cynophile a été
livré au public, c'est-à-dire depuis 1867,
quelques réclamations sur le prix en appa-

rence. élevé (5 fr. le flacon) de ce médicament.

Ai-je, dans le nouveau prospectus qui l'accompagne, répondu péremptoirement à ces réclamations? Il me le semble, et je renvoie à ladite réponse.

Les nouveaux médicaments seront vendus d'après le tarif et aux conditions qui suivent :

ANTI-PALUDÉEN, n°s 1 et 2.

Chaque flacon séparément, 2 fr. 50. — 5 fr. les deux ensemble.

Ce médicament est destiné à combattre *la maladie* des jeunes chiens dans les contrées humides ou marécageuses ; les *mouvements fébriles* des chiens adultes après une chasse au marais (V. l'instruction spéciale).

Le plus souvent l'anti-paludéen n° 1 suffira, mais il est prudent d'avoir toujours sous la main le n° 2, qui complète l'action du n° 1 quand ce dernier est insuffisant.

ANTI-JAUNISSE.

Le flacon, 2 fr. 50.

Contre l'ictère du jeune chien et celui du chien adulte.

ANTI-VERS.

Le flacon, 2 fr. 50.

Contre tous les vers du chien, sauf le tænia et le ver encéphalique.

ANTI-TÆNIA.

Le flacon, 2 fr. 50.

ANTI-ANÉMIE.

Le flacon, 2 fr.

Contre appauvrissement du sang, faiblesse générale ou partielle, etc.

DÉPURATIF.

Le flacon, 2 fr. 50.

ANTI-SCROFULE.

Le flacon, 1 fr. 50.

ANTI-ÉPISTAXIS, nº 1 et nº 2.

Les deux flacons ensemble, 5 fr.

Contre la cachexie paludéenne connue sous le nom de *saignement de nez*.

LINIMENT ANTI-GALE.

Le flacon, 1 fr.

EAU ANTI-MERCURIELLE.

Le flacon, 1 fr.

ANTI-SYPHILIS.

Le flacon, 3 fr.

ANTI-CHORÉE.

Le flacon, 2 fr. 50.

Contre danse de Saint-Guy, spasmes, tics, et la plupart des contractions ou accidents nerveux et musculaires du chien.

OVOGÈNE.

Le flacon, 2 fr. 50.

Ce médicament est destiné à faciliter la parturition du chien. — On ne devra l'appliquer qu'au chien ou aux oiseaux ; il n'a jamais, jusqu'ici, été expérimenté sur d'autres animaux.

Les préparations ci-dessus se trouvent : à PARIS, au *Sport*, rue de Londres, 9 bis, — ou à NEUILLY-SUR-SEINE, chez M. *Ach. Genty.*

Envoyer un mandat-poste.

Ce mandat-poste devra représenter la valeur des médicaments demandés, plus 50 centimes (par colis) pour frais d'emballage et d'expédition.

Les frais de transport par chemin de fer (la poste n'accepte pas les produits liquides) seront à la charge du destinataire. — Indiquer la gare où l'on devra expédier.

Sur toute demande au-dessus de 20 fr., il sera fait une remise de 10 0/0.

———

Les préparations ci-après seront données ou envoyées, à titre d'essai, aux éleveurs qui en feront la demande.

ANTI-TOURNIS, contre le tournis du chien et du mouton.

ANTI-RAGE, contre la rage spontanée du jeune chien et, *préventivement*, contre la rage des chiens de tout âge inoculés (mordus). — *Se conformer scrupuleusement, afin d'éviter tout danger pour soi et pour autrui, aux prescriptions de l'Instruction.*

Comme je le disais dans ma chronique scientifique (*Concorde*, 22 avril 1870), si la rage est une affection terrible, elle n'est pas telle, cependant, qu'on en doive

concevoir un effroi illimité. En résumé, il n'est pas
de bobo qui ne cause plus de morts que la rage : le
panaris, par exemple, si facile à guérir pourtant, lorsqu'on l'attaque au début. Sur un chiffre total d'environ 900,000 décès par an, il n'en est pas 100 qui
soient causés par la rage... Cependant, l'effroi, à mon
avis peu raisonné, qu'on éprouve pour *ce genre de
mort* (comme s'il n'y en avait pas de non moins
redoutables : choléra, angine couenneuse, etc. !) m'a
poussé à d'assez nombreuses recherches sur le meilleur traitement à opposer à la rage. Ces recherches,
je tiens à les poursuivre sur une plus grande échelle ;
voilà pourquoi j'offre gratuitement à MM. les éleveurs la préparation dont je me sers dans mes expériences anti-rabiques.

ANTI-BRONCHITE, contre toux, pleurésie et
pneumonie du chien adulte, contractées à
la suite de longues chasses.—Chez le jeune
chien, ces affections sont le plus souvent
causées par des vers ; recourir, dans ce cas,
au Cynophile, à l'Anti-vers, à l'Antitænia.

ANTI-HÉMATURIE, contre le pissement de
sang, quelle qu'en soit la cause interne
(vers, coups sur le rein, etc.).

———

Seront aussi données ou expédiées à titre d'essai toutes les autres préparations d'une utilité plus restreinte, que je croirais devoir faire d'après les indications spéciales qui me seraient fournies.

FIN.

TABLE DES MATIÈRES.

I. Importance du rôle de la peau........ 5

II. Différences entre la peau de l'homme et celle du chien...................... 9

III-IV. Origine des affections cutanées du chien. Épisode de l'*Odyssée*......... 11

V-VI. Classification des affections cutanées du chien, par le Dr Hertwig (de Berlin)......................... 15

VII. Classification de M. A. Gobin........ 16

VIII. Id. de Delabère-Blaine..... 17

IX. Description des affections susdites, d'après Hertwig.................... 18

X. Description d'après M. A. Gobin..... 33

XI. Id. d'après Delabère-Blaine... 37

XII. Traitements préconisés par le Dr Hertwig....................... 49

XII bis. Traitements préconisés par M. A. Gobin...................... 63

XIII. Traitements préconisés par Delabère-Blaine....................... 64

XIV. Formules diverses............... 82

XV. Pourquoi les traitements préconisés par les auteurs ci-dessus doivent être désormais rejetés................. 88

XVI. Peu de causes; beaucoup de symptômes. 91

XVII-XVIII. Les affections cutanées du chien reconnaissent dix causes principales; il ne faut, par suite, qu'un petit nombre de médicaments pour les combattre.................... 92

XIX. Etude des causes ; choix du médicament
approprié :

1re cause. *La maladie* (distemper)
négligée............................ 94

2e cause. *La maladie* traitée par
les procédés ordinaires.......... 97

3e cause. Infection mercurielle ou
arsenicale....................... 99

4e cause. Diathèse scrofuleuse.... 102

5e cause. Inoculation de la morve
du cheval........................ 105

6e cause. Inoculation du virus syphilitique....................... 106

7e cause. Faiblesse congénitale,
faiblesse acquise................ 109

8e cause. Vieillesse.............. 112

9e cause. Invasion d'un parasite
interne.......................... 122

10e cause. Invasion d'un parasite
externe.......................... 128

XX. Résumé............................ 131

XXI. Noms de quelques-uns de MM. les
maîtres d'équipages, éleveurs et amateurs, qui ont bien voulu répéter nos
expériences personnelles.......... 133

XXII. Tarif de nos nouvelles préparations ;
conditions d'envoi, etc........... 137

Paris. Typ. A. Parent, rue Monsieur-le-Prince, 31.

Tomes publiés :

Tome I. **La maladie des chiens** (*Distamper*), 1 fr.
Tome III. **Maladies de peau.** . . . . 1 fr.
(Par la poste, 10 cent. en sus par vol.)

Sous presse :

Tome IV. **Élevage, Hygiène et**
médecine du chien.

———

Paris, au *Sport*, rue de Londres, 9 *bis*.
A. Goin, rue des Écoles, 62.
Neuilly (Seine), l'*Auteur*, avenue de Neuilly, 125.

Paris. Typ. A. Parent, rue Monsieur-le-Prince, 31.

www.ingramcontent.com/pod-product-compliance
Lightning Source LLC
Chambersburg PA
CBHW071910200326
41519CB00016B/4557